Laminare Reibungsschichten an der längs angeströmten Platte.

Ein Beitrag zur Prandtlschen Grenzschichttheorie.

Von I. Nikuradse, Breslau.

In seinem berühmten Vortrag auf dem internationalen Mathematikerkongreß in Heidelberg im Jahre 1904 teilte Prandtl der Welt jene Theorie mit, welche heute allgemein unter seinem Namen als Prandtlsche Grenzschichttheorie bekannt ist. Das damit aufgestellte Forschungsprogramm wurde seit jener Zeit in einer Reihe grundlegender Arbeiten durchgeführt, welche die Theorie von Erfolg zu Erfolg geführt haben. Die eingeleitete Entwicklung verlief so stürmisch, daß eine genauere Überprüfung der Theorie im Sinne der Physik erst relativ spät erfolgte, nämlich durch Hansen, der im Jahre 1928 durch seine Versuche am Aerodynamischen Institut in Aachen im Falle der (schon von Blasius im Jahre 1907 u. a. durchgerechneten) Plattenströmung eine vollauf befriedigende Übereinstimmung zwischen Theorie und Experiment feststellte.

Ziel und Zweck dieser Arbeit ist es nun, an Hand neuerer Versuche, die im Jahre 1933 im Kaiser-Wilhelm-Institut für Strömungsforschung in Göttingen (Leitung: Herr Prof. Dr. Prandtl) durchgeführt wurden, zu zeigen, daß diese Übereinstimmung noch sehr viel weiter reicht, als dies aus den Experimenten Hansens hervorgeht, und die Abweichungen innerhalb der heute bedingten Meßfehler liegen, die Theorie also, wie auch nicht anders zu erwarten, als eine physikalisch exakte bezeichnet werden muß. Gleichzeitig will die Arbeit die Möglichkeit geben, an Hand dieses konkreten Beispieles in die Theorie hineinzuwachsen, in deren beherrschenden Mittelpunkt die Idee der Prandtlschen Grenzschicht steht, eine Idee, welche der gesamten Hydromechanik dieses Jahrhunderts ihr neues Gepräge gegeben hat.

Die vorliegende Arbeit wendet sich hauptsächlich an Ingenieure, denen sie am Beispiel der Plattenströmung die Idee der Prandtlschen Grenzschicht nahebringen will. Daher auch die etwas breite Anlage der ganzen Arbeit, in welcher der größte Nachdruck auf eine zusammenhängende, in sich geschlossene, leichtverständliche und doch strenge Darstellung gelegt worden ist, sowie auf die klare Herausarbeitung gerade solcher Begriffe und Gedankenreihen, die auch für andere ähnliche Aufgaben vielleicht als Wegweiser dienen können. Daher auch der historische Überblick, der zeigen soll, wo und wie die Prandtlsche Grenzschichttheorie in die allgemeine Entwicklung der Hydrodynamik eingebettet ist, und der mit einer Art Stammbaum der Strömungslehre schließt. Möge durch diese Arbeit in recht vielen die Freude und Lust geweckt werden, sich mit diesem Gebiete zu befassen, welches als eines der schönsten der Mechanik bezeichnet werden muß.

Bei der Abfassung der Arbeit waren mir Charlotte Röhr sowie mein Assistent Dozent Dr. Ernst Mohr behilflich, wofür ihnen auch an dieser Stelle herzlich gedankt sei. Ganz besonderen Dank schulde ich aber der Gesellschaft von Freunden der Technischen Hochschule Breslau, die mir in großzügigster Weise Mittel für die Auswertung der Versuche zur Verfügung gestellt und damit das Erscheinen der Arbeit ermöglicht hat.

Breslau, im Oktober 1941. *Der Verfasser.*

Historischer Überblick.

Die exakte d. h. rechnerische Behandlung allgemeiner Flüssigkeitsströmungen z. B. solcher in Turbinen verdanken wir dem großen Mathematiker[1]) Leonhard Euler (1707 bis 1783), der so zum Begründer der modernen Hydrodynamik wurde. Wie immer in solchen Fällen war das Wissen um die Eigenschaften von Flüssigkeiten schon weit gediehen, und auch die exakte Behandlung spezieller Strömungen, z. B. betreffend den Ausfluß aus einem Gefäß gelungen. So hat Torricelli (1608 — 1647), ein Schüler Galileis, die Antwort auf die Frage nach der Ausflußgeschwindigkeit in seiner berühmten Ausflußformel (gewonnen auf Grund zahlreicher Versuche) gegeben (wonach dieselbe gleich der Geschwindigkeit ist, welche ein Körper erhält, wenn er frei von dem Flüssigkeitsspiegel bis zur Höhe der Ausflußmündung fällt), und damit das erste uns bekannte Gesetz über strömende Flüssigkeiten aufgestellt. Vor allem aber war ungefähr ein Jahrhundert vorher durch Newton (1642 bis 1727) das allgemeine Gebäude der Mechanik errichtet und insbesondere das nach ihm benannte Grundgesetz für jede Bewegung (wonach die wirkende Kraft gleich der zeitlichen Änderung der Bewegungsgröße ist) ausgesprochen, und ferner durch Newton und Leibniz (1646—1716) jene Rechnungsart genannt Differential- und Integralrechnung entwickelt worden, welche die exakte Beschreibung der Bewegungsvorgänge und damit überhaupt die moderne Naturwissenschaft erst ermöglicht hat.

Auch war Newton nicht nur bekannt, daß übereinander hinweggleitende Flüssigkeitsschichten aufeinander Schubkräfte ausüben, die Flüssigkeit also die Eigenschaft einer Reibung zeigt, und daß diese Reibung in bestimmten Fällen vernachlässigt werden, d. h. in der heutigen Bezeichnungsweise die Flüssigkeit als ideale behandelt werden darf, sondern er konnte auch diese Eigenschaften einer Flüssigkeit, ideal bzw. reibend zu sein, an Hand spezieller Strömungen in Rechnung setzen, und damit diese Strömungen quantitativ behandeln: So hat er z. B. die Schwingungen einer idealen Flüssigkeit in einem U-Rohr als synchron mit denen eines mathematischen Pendels erkannt, dessen Länge halb so groß ist wie die des Flüssigkeitsfadens; und ferner im Falle einer eindimensionalen Strömung einer reibenden Flüssigkeit die ausgeübte Schubkraft als proportional dem Geschwindigkeitsanstieg (wobei der Proportionalitätsfaktor eine der Flüssigkeit eigentümliche Konstante genannt Reibungskonstante ist), ein Ansatz, der für die spätere Entwicklung der Hydrodynamik grundlegend war. Außerdem hat Newton im Zusammenhang mit seinen Untersuchungen über die Bewegung von Flüssigkeiten die sogenannte Ähn-

[1]) Die Lebenszeit eines Forschers haben wir, soweit sie uns bekannt war, in Klammern angegeben, ebenso das Jahr bzw. ungefähre Jahr der diesbezüglichen Arbeit.

lichkeitsmechanik begründet, welche zu einem unentbehrlichen Instrument des Ingenieurs und Physikers geworden ist, und welche es z. B. ermöglicht, den Widerstand bestimmter Körper wie Flugzeuge an kleineren Modellen in Versuchsanstalten zu bestimmen.

Wir sehen also, daß in der Tat in dieser Hinsicht schon sehr Vieles vor Euler, vor allem durch Newton geschaffen worden war. Was aber fehlte, war eine einheitliche und allgemeine Methode, die also nicht mehr an spezielle Beispiele, wie bei Newton, gebunden war. Dies blieb wie gesagt Euler vorbehalten, und zwar für den Fall der idealen Flüssigkeiten: Ihm gelang es, einerseits den Flüssigkeitsdruck allgemein in Rechnung zu setzen, und so die Anwendung von Newtons Bewegungsgesetz auf ein Flüssigkeitsteilchen zu ermöglichen, was ihm 3 Bewegungsgleichungen (für die 3 Achsenrichtungen eines üblichen Koordinatensystems) lieferte (und zwar in solcher Form, daß in ihnen als Unbekannte nur die 3 Geschwindigkeitskoo und der Druck sowie deren erste partielle Differentialquotienten vorkamen), und andererseits auch für jene andere Eigenschaft der Flüssigkeitsströmungen, wonach jede solche infolge der praktischen Inkompressibilität der Flüssigkeit volumenbeständig erfolgt, den mathematischen Ausdruck zu finden, was ihm eine weitere Gleichung lieferte, womit er insgesamt vier Gleichungen für die 4 Unbekannten, nämlich die 3 Geschwindigkeitskoo und den Druck hatte[2]), die also dadurch und durch die Randbedingungen als eindeutig bestimmte Funktionen des Ortes und der Zeit anzusehen waren. Auf diese Weise gelangte Euler zu seinen berühmten 4 und nach ihm benannten Bestimmungsgleichungen für die Flüssigkeitsbewegung, welche die Grundlage aller weiteren Entwicklung bildeten. Diese Bestimmungsgleichungen wandte Euler selbst mit größtem Erfolge auf spezielle Probleme an, und begründete auf diese Weise z. B. als erster eine Turbinentheorie, die auch heute noch für jeden Ingenieur die Grundlage bildet: Hierbei behandelt Euler die Strömung in einem einzelnen Schaufelkanal als einen Stromfaden, eine Vereinfachung, die in späterer Zeit zu großer Bedeutung gelangte, und als Eulersche Stromfadentheorie in die Geschichte der Hydrodynamik einging.

In der nun folgenden Zeit wandte sich das Interesse besonders einer Klasse von Strömungen, den sogenannten Potentialströmungen zu, welche dadurch charakterisiert sind, daß bei ihnen sich die Koordinaten der Geschwindigkeit ähnlich denen einer Newtonschen Anziehungskraft als die partiellen Ableitungen eines sogenannten Potentials darstellen lassen; das Potential genügt dann einer gewissen partiellen Differentialgleichung, die nach Laplace (1749 bis 1827) benannt wird, und darum besonders einfach ist, als in ihr das Potential linear vorkommt, so daß also mit 2 Lösungen auch immer ihre Summe wieder eine Lösung darstellt. Rein mathematisch läuft also hier die Aufgabe auf die Herstellung bestimmter Lösungen dieser wichtigen Gleichung hinaus, welche auch in vielen anderen Zweigen der Physik vorkommt. Diese Disziplin, genannt Potentialtheorie, wurde bis zu einem hohen Grad von Vollkommenheit ausgebaut und stellt eines der wichtigsten Hilfsmittel der mathematischen Physik dar; in ganz besonderem Maße trifft dies auf den Spezialfall zu, wo die Strömung zweidimensional verläuft, in welchem Falle sich der mathematische Apparat als identisch mit der Theorie der konformen Abbildungen bzw. der komplexen Funktionentheorie erweist. So vollkommen nun diese Theorie auch mathematisch war und ist, so konnte sie die wirklichen Strömungsvorgänge nicht oder doch nur in sehr roher Annäherung wiedergeben, was seinen Grund darin hatte, daß die Potentialströmungen sich eben in Wirklichkeit nicht, bzw. besser gesagt, sich nur während einer sehr kurzen Zeit einstellten, um dann anderen Strömungen Platz zu machen. So kommt es auch, daß z. B. eine Kugel, in eine Parallelströmung gehalten, gemäß der Potentialtheorie einen Widerstand Null ergibt, was nach dem Vorhergesagten auch wirklich zutrifft, allerdings nur für eine außerordentlich kurze und praktisch unendlich kurze Zeit, nach welcher infolge der dann einsetzenden neuen Strömung die Kugel einen bestimmten endlichen Widerstand erfährt. Es ist also nicht so, daß die Rechnung etwas Falsches liefert; vielmehr liegt das scheinbar Paradoxe darin, daß die der Rechnung zu Grunde liegende Strömung sich in Wirklichkeit im allgemeinen nicht einstellt und daher durch besondere Vorrichtungen, Kräfte ... erst erzwungen werden müßte bzw. wie in dem Beispiel besonders aufgesucht und aufgefunden werden muß, etwa durch Beobachtung während einer sehr kurzen unmittelbar auf den Vorgang des Eintauchens folgenden Zeit. Ähnlich wie um dieses Paradoxon von d'Alembert (1717—1783) steht es auch mit analogen anderen in der Hydrodynamik.

Um also den tatsächlichen Verhältnissen einigermaßen gerecht zu werden, mußte der Ingenieur auf seine Art mit den von der Praxis ihm gestellten Aufgaben Herr werden. Dieser neue Weg nahm seinen Ausgang von der Eulerschen Stromfadentheorie, die man, gestützt auf ein reichhaltiges Versuchsmaterial, mit Erfahrungskoeffizienten ausstattete, durch welche der Anschluß an die Wirklichkeit hergestellt und z. B. auch der bis dahin noch nicht erfaßbaren Reibung Rechnung getragen wurde. Diese ganze Art zu arbeiten, welche, wie wir weiter unten sehen werden, durch die Hereinnahme des Ordnungsprinzips von Reynolds ungewöhnlich geklärt und bereichert worden ist, und auf die der praktisch arbeitende Ingenieur immer dann und immer solange angewiesen ist, als die Theorie ihm noch keine hinreichenden Hilfsmittel für die Lösung seiner Aufgaben zur Verfügung stellen kann, heißt Hydraulik, und bildet einen der wichtigsten Zweige der Ingenieurwissenschaften, dessen dauernde Pflege eine ihrer vornehmsten Aufgaben ist. Als leuchtende Vorbilder seien hier nur die Namen von D. Bernoulli (1700 bis 1782), Bazin, Darcy und Boussinesq genannt, und für den Spezialfall der Rohrströmungen die des Baudirektors Hagen (1797—1884) und des Pariser Arztes Dr. Poiseuille (1799—1869). Berühmt ist ja die nach Bernoulli genannte Gleichung (bekanntlich eine Aussage des Energiesatzes), welche eine der wichtigsten der gesamten Hydrodynamik ist, und als Spezialfall die eingangs erwähnte Torricellische Formel enthält, welche damit auch theoretisch gegründet erscheint. Auch war z. B. Hagen schon eine für seine Zeit weite Einsicht in die verschiedenen Strömungsformen von Flüssigkeitsbewegungen in Rohren vergönnt: so erkannte er richtig, daß es außer den durch die Reibung bewirkten sogenannten laminaren Strömungen noch völlig davon verschiedene gibt, die wir heute als turbulent bezeichnen, und für die Hagen selbst schon umfangreiche Versuchsdaten veröffentlicht hat, ohne jedoch auch für diese Klasse von Strömungen zu ähnlich übersichtlichen Resultaten wie im laminaren Fall zu gelangen.

Inzwischen waren jedoch auch die Theoretiker nicht müßig: Ausgehend von dem grundlegenden Newtonschen Ansatz für reibende Flüssigkeiten im Fall der eindimensionalen Strömung war es Navier (1822), Poisson (1829), St. Venant (1843) und Stokes (1845) gelungen, die entsprechenden Gleichungen für eine beliebige räumliche Strömung aufzustellen, die sich also von den Eulerschen Grundgleichungen durch das Hinzukommen der Reibungskräfte unterschieden. An allgemeine Lösungen war natürlich infolge der Kompliziertheit der neuen Gleichungen nicht zu denken; doch gelang es bereits Stokes (1819—1903) für sehr langsame Bewegungen den Widerstand einer Kugel z. B. in Übereinstimmung mit der Erfahrung zu berechnen und auch die vorher erwähnten Rohrströmungen von Hagen und Poiseuille, soweit sie laminar waren, theoretisch zu begründen, wobei sich ergab, daß die ausgezeichnete Übereinstimmung zwischen Theorie und Experiment zwingend zu der Annahme führte, daß die Flüssigkeit infolge der Reibung an der Wand haftet. Für den Spezialfall eines Gases haben dann Maxwell (1831—1897) und Boltzmann (1844 bis 1906) uns ein genaues Bild vom Mechanismus der Reibung

[2]) Analog für ebene Strömungen 3 Gleichungen für 3 Unbekannte, nämlich die 2 Geschwindigkeitskoo und den Druck.

gegeben, und die Zähigkeitskonstante exakt aus den Grundgrößen der Browschen Molekularbewegung, wie freie Weglänge ... berechnen, und auf diese Weise mit anderen physikalischen Größen, wie dem Wärmeleitvermögen ..., in Beziehung setzen können.

Aber auch die Hydrodynamik der idealen Flüssigkeiten ist nicht stehengeblieben und hat besonders durch Helmholtz (1821—1894) einen ungeahnten Aufschwung erhalten. In einer bahnbrechenden Arbeit aus dem Jahre 1858 gelangte Helmholtz zu allgemeinen Lösungen der Eulerschen Gleichungen: Er hat gezeigt, daß die bis dahin in der Hauptsache allein behandelten Potentialströmungen dadurch charakterisiert sind, daß bei ihnen im Mittel kein Teilchen sich dreht bzw. wirbelt, und weiter in seinen berühmten Wirbelsätzen gelehrt, nach welchen Gesetzen im allgemeinen Fall diese Wirbelung der Flüssigkeitsteilchen erfolgt; für den Fall einer drehungsfreien Strömung d. h. Potentialströmung ergibt sich hieraus ein schon von Lagrange (1736 bis 1813) erkannter Satz, wonach eine Potentialströmung z. B. unter dem Einfluß des Schwerefeldes auch in ihrem weiteren Verlauf stets eine Potentialströmung bleibt (und analog natürlich in ihrem früheren Verlauf stets auch eine solche war). Man sieht: Wenn auch die ideale Hydrodynamik die Entstehung der Wirbel nicht zu erklären vermag (eine Aufgabe, für die sie offensichtlich nicht mehr zuständig sein kann), so vermag sie doch, nachdem einmal die Wirbel als gegeben angenommen werden, nach Helmholtz den weiteren Verlauf derselben wie der ganzen Strömung zu bestimmen; insofern nun das Zustandekommen der Wirbel als Wirkung der besonders an begrenzenden Wänden auftretenden Zähigkeitskräfte zu betrachten ist, erhellt, daß die obige Methode, die Wirbel einfach als einmal gegeben hinzunehmen und dann mit ihnen weiter im Rahmen des Bildes von der idealen Flüssigkeit gemäß den Eulerschen Gleichungen zu rechnen, indirekt auch schon die Zähigkeitswirkungen wenigstens teilweise berücksichtigt, und somit in Fällen, wo die Wirbel besonders übersichtlich und daher rechnerisch erfaßbar sind, der Reibungswiderstand mit großer Annäherung berechnet werden kann. Im Anschluß an die Helmholtzsche Arbeit gelangte Thomson (1824—1907, später Lord Kelvin) zu seinem Begriff der Zirkulation längs einer geschlossenen flüssigen Linie und seinem berühmten Satze, wonach dieselbe beim weiteren Abschwimmen der Linie unverändert bleibt, d. h. also an ihr haftet, ein Satz, aus dem sich ein Teil der Helmholtzschen Wirbelsätze und speziell auch der Lagrangesche Satz besonders leicht folgern lassen. 10 Jahre nach der oben zitierten Arbeit erschloß Helmholtz in einer weiteren nicht minder bedeutenden Pionierarbeit der Hydrodynamik und zwar speziell der zweidimensionalen Potentialtheorie abermals fruchtbarstes Neuland, indem er zeigte, wie auch so komplizierte Strömungen von der Art eines zweidimensionalen Flüssigkeitsstrahles mit den Methoden dieser Theorie exakt behandelt werden können. Diese Strahltheorie wurde von Kirchhoff (1824—1887) erfolgreich fortgeführt und zu der Methode des Totwassers ausgebaut, eine Methode, die am Beispiel der Plattenströmung zum ersten Male im Rahmen der Theorie der idealen Flüssigkeiten einen endlichen Widerstand ergab, der aber natürlich nicht mit dem Experiment übereinstimmen konnte und zwar aus demselbem Grunde wie bei d'Alemberts oben erwähnter Strömung um die Kugel, nämlich weil die der Rechnung zu Grunde liegende Strömung sich in Wirklichkeit einfach nicht einstellt, also in jedem Fall wieder besonders erzwungen werden müßte. Durch beide Arbeiten hat Helmholtz der Hydrodynamik neue Gebiete erobert, die auch heute noch längst nicht voll erforscht sind. Unter diesen ist besonders eines zu nennen, dessen Besitznahme ganz ungewöhnlich stürmisch verlief: Die Lehre vom Flug: Hier gelangten ungefähr um die Jahrhundertwende Kutta und Joukowski sowie Lanchester zu einer vollen Einsicht in das Zustandekommen vom Auftrieb eines ebenen bzw. räumlichen Tragflügels, und schufen so die Grundlage, auf der später Prandtl seine berühmte Tragflügeltheorie aufbauen konnte.

Damit sind wir nun zu einem Punkte gelangt, von dem aus eine weitere Verfolgung des Entwicklungsganges der gesamten Hydrodynamik nicht möglich ist, ohne die bahnbrechende Arbeit von Reynolds aus dem Jahre 1883 zu kennen: Diesem Forscher gelang es, für die bis dahin außerordentlich zahlreichen Versuchsergebnisse, wie sie z. B. an Rohren besonders für hohe Geschwindigkeiten also turbulente Strömungen gewonnen worden sind, ein ordnendes Prinzip im Sinne der Newtonschen Ähnlichkeitsmechanik zu finden, welches z. B. es gestattet, mit einem Schlage die Hagenschen Messungen übersichtlich zu ordnen und weiter den Nachweis zu führen, daß der Umschlag von der laminaren in die turbulente Strömung nur davon abhängen kann, ob eine gewisse, der Strömung eigentümliche dimensionslose Zahl (die später ihm zu Ehren als Reynoldssche Zahl, in Zeichen *Re*, genannt wurde), einen gewissen kritischen Wert erreicht hat, nach dessen Überschreitung die laminare Strömung als labil zu betrachten ist. Das damit aufgerollte Stabilitätsproblem verdankt Reynolds selbst grundlegende Ansätze, ebenso auch Lord Kelvin und Lord Rayleigh, an deren Untersuchungen in neuerer Zeit H. A. Lorentz (1907), Sommerfeld (1908) und Hamel (1911) anknüpften und weiterbauten, ohne jedoch trotz größter Bemühungen zu einer restlos befriedigenden Aufklärung des Problems zu gelangen, dessen jüngste Entwicklung wir noch kurz streifen werden. — Auch erkannte Reynolds, und unabhängig von ihm schon einige Jahre früher Petrow, daß es sich bei der Schmiermittelreibung um ein hydrodynamisches Problem handelt, eine Erkenntnis, die es erlaubte, die durch Ölzufuhr bedingte Lagerreibung erstmalig richtig zu verstehen und wenigstens in großen Zügen auch befriedigend rechnerisch zu behandeln. In neuerer Zeit wurde diese hydrodynamische Theorie der Schmiermittelreibung vor allem durch Sommerfeld, und etwas später und an Hand eines bestimmten und praktisch sehr wichtig gewordenen Spezialfalles von Michell (Spur- und Drucklager) mit größtem Erfolge weiter ausgebaut, ohne daß jedoch dieser Ausbau als fertig zu betrachten wäre.

In der oben eingeführten Bezeichnungsweise bedeuten Strömungen mit einem großen *Re* (in Zeichen $Re \gg$) solche, bei denen die Zähigkeitswirkung gering ist, und umgekehrt Strömungen mit kleinem *Re* ($Re \ll$) solche, bei denen diese Wirkung groß ist; Wirkung immer verstanden im Sinne der mechanischen Ähnlichkeit, wonach z. B. die früher genannten sehr langsamen Stokesschen Strömungen als Strömungen mit einem sehr kleinen *Re*, ungefähr bis $Re = {}^1/_2$, charakterisiert erscheinen. Weiter hat aber diese durch Reynolds geschaffene dimensionslose Art der Darstellung von Versuchsergebnissen es überhaupt erst ermöglicht, nunmehr in eigens dafür gebauten Versuchsanstalten durch systematische Versuche an Modellen, z. B. solchen von Flugzeugen, zu Gesetzmäßigkeiten zu gelangen, welche es allgemein erlauben, die betreffenden Kräfte am Original zu bestimmen, ein Verfahren, das heute geradezu unentbehrlich geworden ist und welches die frühere Hydraulik zu einem noch mächtigeren Instrument in der Hand des Ingenieurs hat werden lassen. In Deutschland ist das Aufkommen solcher Versuchsanstalten an den Namen von Felix Klein geknüpft (1905), dem großen Göttinger Mathematiker und Organisator, unter dessen mächtigem Einfluß sich die gegenseitige Annäherung der reinen und angewandten Wissenschaften vollzogen hat und dem man z. B. auch die Berufung Prandtls nach Göttingen verdankt. Auf dieser Reynoldsschen Darstellung fußend, gelangte auch Lilienthal in seinen grundlegenden Versuchen zu seinen berühmten Polarkurven von Tragflügeln, welche unsere Einsicht in die Möglichkeiten des Fluges ungeheuer vermehrten; er selbst mußte, wie bekannt, seine praktischen Flugversuche schließlich mit dem Leben bezahlen. Ferner hat Blasius 1911 vermöge dieser dimensionslosen Darstellung zum ersten Male für turbulente Strömungen die empirischen Versuchspunkte auf einem logarithmischen Diagramm als auf einer Geraden liegend erkannt, und so der Praxis eine äußerst wichtige Gesetzmäßigkeit an die Hand gegeben, die es z. B. dem Ingenieur jetzt ersparte, jedesmal für den von ihm gerade behandelten Fall, etwa einer Pumpenanlage, besondere Versuche anstellen zu müssen. In neuester Zeit ist dieses Blasiussche Gesetz auf Grund umfassender Messungen seinem Umfange jedoch nicht seinem Wesen nach erheblich erweitert worden (wobei jedoch die neu hinzukommenden Meßpunkte nicht mehr auf der Verlängerung der obengenannten Geraden zu liegen kamen), so daß es heute alle Fälle umfaßt, die in der Praxis überhaupt vorkommen können. Die Tatsache, daß die mit der Reynoldsschen Zahl *Re* verbundene Vorstellung zum selbstverständlichen Besitz von uns allen und zwar des Ingenieurs wie des Theoretikers geworden ist, zeigt wohl am deutlichsten, welch gewaltiger Schritt nach vorwärts hier einst von Reynolds getan wurde. Überall spielt diese Reynoldssche Zahl *Re* herein, und sei es auch nur mittelbar in der Rolle einer die verschiedenen Gebiete abgrenzenden (immer verstanden im Sinne der mechanischen Ähnlichkeit) Größe. Dies gilt auch für die in neuer und neuester Zeit erforschten Gebiete, denen wir uns jetzt zum Schlusse noch kurz zuwenden wollen.

Was die reibenden Flüssigkeiten anbetrifft, so haben wir hier zwei Vorstöße von größter Tragweite zu nennen: Einen in das Gebiet großer *Re*-Zahlen durch Prandtl (1904) in seiner berühmten laminaren Grenzschichttheorie, den anderen nicht minder bedeutsamen in das entgegengesetzte Gebiet kleiner *Re*-Zahlen durch Oseen (1910), der damit direkt an die früheren Untersuchungen Stokes' anknüpfte und diese weiterführte. Dazwischen erstreckt sich das Gebiet der Strömungen mit *Re*-Zahlen, die weder in den Prandtlschen noch in den Oseenschen Bereich fallen, ein Zwischengebiet, das der Erforschung noch harrt. Zu der Prandtlschen Theorie sei noch bemerkt, daß sie es erlaubt, für die meisten Wasser- und Luftströmungen den Reibungswiderstand umströmter Körper in relativ einfacher Weise unter Zugrundelegung eines durch das Experiment zu bestimmenden Druckverlaufes zu berechnen.

Die Strömungen, die sich bislang jeder exakten Behandlung am hartnäckigsten widersetzt haben, sind die turbulenten. Es unterliegt keinem Zweifel, daß wir hier den entscheidenden Zugang noch nicht gefunden haben. Immerhin sind doch schon einige Stationen errichtet worden, von denen aus eine erfolgreiche Expedition in dieses zum größten Teil noch unbekannte Gebiet vielleicht einmal möglich sein wird; es sind dies:

1. Das Boussinesq'sche Analogon zu dem Newtonschen Schubspannungsansatz für eindimensionale Strömungen, in welchem der Newtonschen Zähigkeitskonstanten eine hier variable Austauschgröße entspricht.
2. Die von Prandtl (1926) aufgedeckte Ähnlichkeit, welche die turbulente Austauschbewegung als eine ins Makrospopische vorgenommene Vergrößerung der entsprechenden von Maxwell behandelten molekularen Austauschbewegung für Gase ansieht, und die ihn zu dem Begriffe des Mischungsweges als des Analogons zu der freien Weglänge bei Gasen geführt hat.
3. Gewisse halb empirische Methoden, welche dem Zwischengebiet angehören, das einerseits von der modernen d. h. durch Hereinnahme des Reynoldsschen Ordnungsprinzips ergänzten Hydraulik, andererseits von den durch 1. und 2. gegebenen theoretischen Ansätzen begrenzt wird, und das wieder an den Namen von Prandtl sowie die seiner Schüler geknüpft ist.
4. Taylors berühmte Untersuchung (1923) über die Stabilität der laminaren Strömung zwischen 2 rotierenden Zylindern, sowie die weitere Verfolgung des Stabilitätsproblems durch Prandtl und dessen Schüler im Zuge der Untersuchungen von Reynolds, Lord Klevin, Lord Rayleigh, H. A. Lorentz, Sommerfeld und Hamel.

Schließlich haben wir noch die Prandtlsche Tragflügeltheorie (1918) zu erwähnen als einen der erfolgreichsten und kühnsten Vorstöße in das ebenfalls noch längst nicht voll erforschte Gebiet der idealen Flüssigkeitsströmungen, durch welche die Untersuchungen von Kutta-Joukowski und Lanchester sowie Lilienthal ihre direkte Fortsetzung und in gewissem Sinne Krönung erfahren haben.

Den ganzen Entwicklungsgang deuten wir nochmals kurz und ohne jede weitere Erklärung in dem beigefügten Schema an, in welchem noch einige weitere Jahreszahlen genannt sind, und welchem wir noch die folgenden beiden Punkte voranschicken:

1. Das Schema bezieht sich, wie alles in diesem Überblick, auf bewegte Flüssigkeiten, d. h. auf solche Flüssigkeitsströmungen, deren Dichte konstant ist, oder besser gesagt, als konstant angesehen werden darf, so daß also unter sie auch Gasströmungen fallen, solange deren Dichteänderungen keine Rolle spielen, d. h. die Geschwindigkeiten eine gewisse Grenze (die durch die Genauigkeitsforderung, welche man bezüglich der Konstanz der Dichte stellt, gegeben ist) nicht überschreiten. Die besonderen Erkenntnisse betreffend ruhende Flüssigkeiten, wie wir sie vor allen Dingen Stevin verdanken, sind also nicht berücksichtigt.
2. In der ganzen Entwicklung heben sich deutlich 2 Tendenzen ab, und zwar
   a) eine Tendenz, welche einem zunehmenden Anschluß an die Wirklichkeit entspricht, und
   b) die andere Tendenz, welche eine fortschreitende Verschmelzung bzw. Annäherung der einzelnen vorübergehend auftretenden Teilgebiete (im Schema mitunter durch Querlinien angedeutet, soweit dies heute bereits möglich ist) zum Ziele hat.

Außer dem schon im Vorwort genannten Ziele haben wir hier versucht, an Hand von Versuchen die Prandtlsche Grenzschichttheorie genauer zu überprüfen. In der Tat hat ja jede Theorie ihre Grenzen, wo sie aufhört, gültig zu sein, und es leuchtet ein, daß erst die Kenntnis jener Grenzen eine Theorie zu einem vollwertigen Instrument macht. Feststellen lassen sich aber diese Grenzen im allgemeinen nur in der Weise, daß man möglichst viele Folgerungen aus der Theorie zieht, die sich an der Erfahrung überprüfen lassen, wobei man sich natürlich stets auf den einfachsten Fall hier also die Plattenströmung beschränken wird. Eine solche Überprüfung hat bereits Hansen im Jahre 1928 am Aerodynamischen Institut in Aachen vorgenommen und auch eine befriedigende Übereinstimmung zwischen Theorie und Experiment festgestellt. Indessen vermögen wir in dieser Arbeit zu zeigen, daß die Übereinstimmung noch sehr viel besser ist als dies aus den Diagrammen von Hansen hervorgeht. Hierbei können wir uns auf Versuche stützen, die wir im Jahre 1933 im Kaiser-Wilhelm-Institut für Strömungsforschung in Göttingen (Leitung: Herr Prof. Dr. Prandtl) ausgeführt haben, zu deren Auswertung wir aber erst jetzt gekommen sind.

Bezeichnungen.

Wir halten uns nach Möglichkeit an die üblichen Bezeichnungen und markieren demgemäß

Skalare durch kleine lateinische Buchstaben, wie z. B.

Masse m,
Dichte ϱ,
Zähigkeit μ,
kinematische Zähigkeit $\nu = \frac{\mu}{\varrho}$,
Druck p,
Punktkoo x, y,
Geschwindigkeitskoo u, v,
Stromfunktion Ψ,
Schub τ.

Vektoren durch kleine gotische Buchstaben, wie z. B.

Geschwindigkeit $\mathfrak{w}$,
Bewegungsgröße $m\,\mathfrak{w}$;
der absolute Betrag eines Vektors $\mathfrak{w}$ wird durch $|\mathfrak{w}|$ angedeutet; speziell bedeutet $\mathfrak{n}$ den Normalvektor, $d\mathfrak{s} = (dx, dy)$ das allgemeine Linienelement, $ds = |d\mathfrak{s}|$ seine Länge, $\mathfrak{C}$ eine orientierte Kurve.
Die zu einem Skalar wie dem Druck p bzw. einem Vektor wie der Geschwindigkeit $\mathfrak{w}$ gehörenden Felder werden durch $\{p\}$ bzw. $\{\mathfrak{w}\}$ angedeutet.

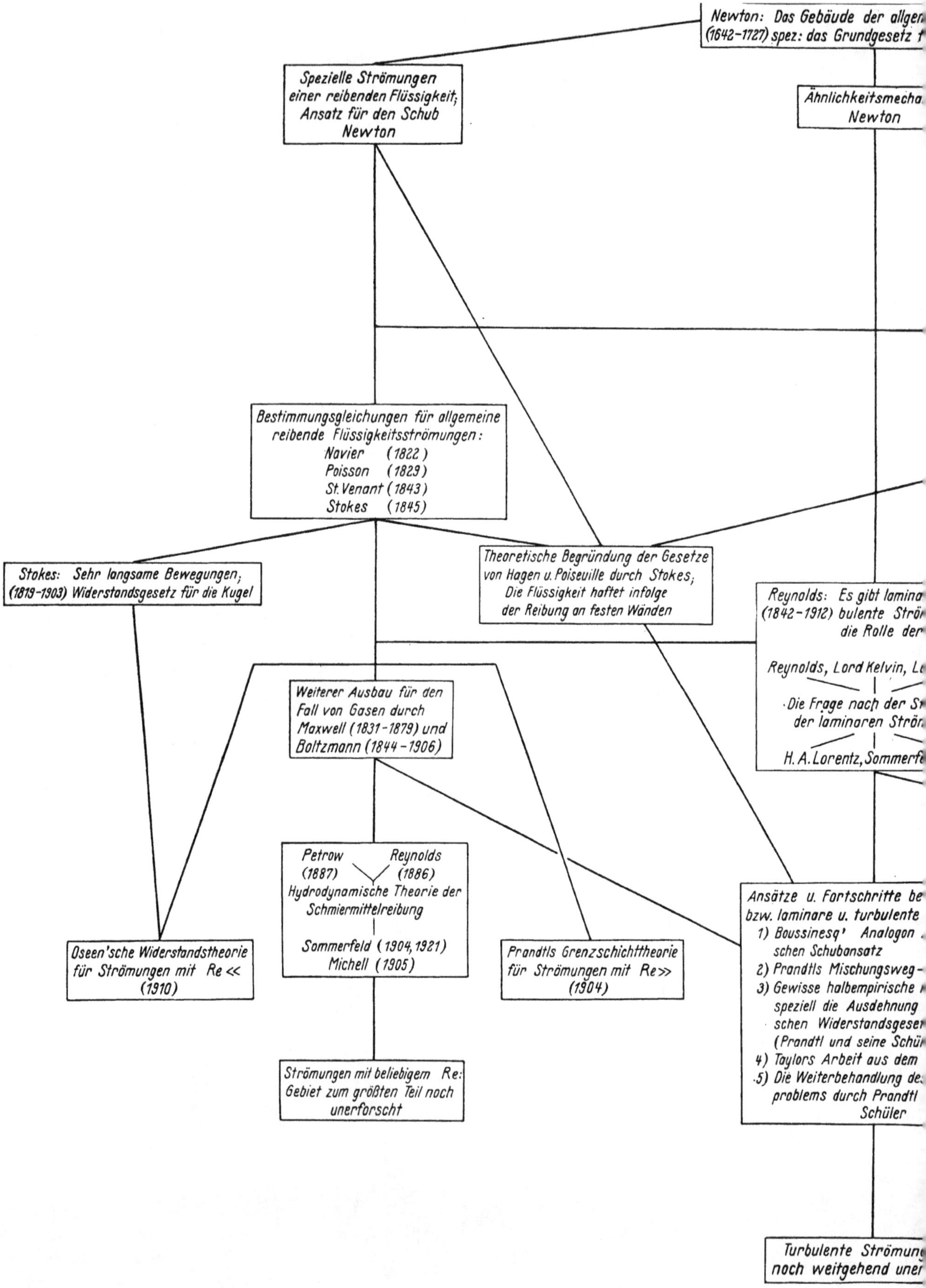
Newton: Das Gebäude der allgem
(1642–1727) spez: das Grundgesetz f
Spezielle Strömungen einer reibenden Flüssigkeit; Ansatz für den Schub Newton
Ähnlichkeitsmecha
Newton
Bestimmungsgleichungen für allgemeine reibende Flüssigkeitsströmungen:
Navier (1822)
Poisson (1829)
St. Venant (1843)
Stokes (1845)
Stokes: Sehr langsame Bewegungen;
(1819–1903) Widerstandsgesetz für die Kugel
Theoretische Begründung der Gesetze von Hagen u. Poiseuille durch Stokes; Die Flüssigkeit haftet infolge der Reibung an festen Wänden
Reynolds: Es gibt lamina
(1842–1912) bulente Strö
die Rolle der
Reynolds, Lord Kelvin, L
Die Frage nach der S
der laminaren Strö
H. A. Lorentz, Sommerf
Weiterer Ausbau für den Fall von Gasen durch Maxwell (1831–1879) und Boltzmann (1844–1906)
Petrow (1887)
Reynolds (1886)
Hydrodynamische Theorie der Schmiermittelreibung
Sommerfeld (1904, 1921)
Michell (1905)
Oseen'sche Widerstandstheorie für Strömungen mit Re << (1910)
Prandtls Grenzschichttheorie für Strömungen mit Re >> (1904)
Ansätze u. Fortschritte be
bzw. laminare u. turbulente
1) Boussinesq' Analogon
schen Schubansatz
2) Prandtls Mischungsweg-
3) Gewisse halbempirische
speziell die Ausdehnung
schen Widerstandsgese
(Prandtl und seine Schü
4) Taylors Arbeit aus dem
5) Die Weiterbehandlung de
problems durch Prandtl
Schüler
Strömungen mit beliebigem Re: Gebiet zum größten Teil noch unerforscht
Turbulente Strömun
noch weitgehend une

»Stamm

(

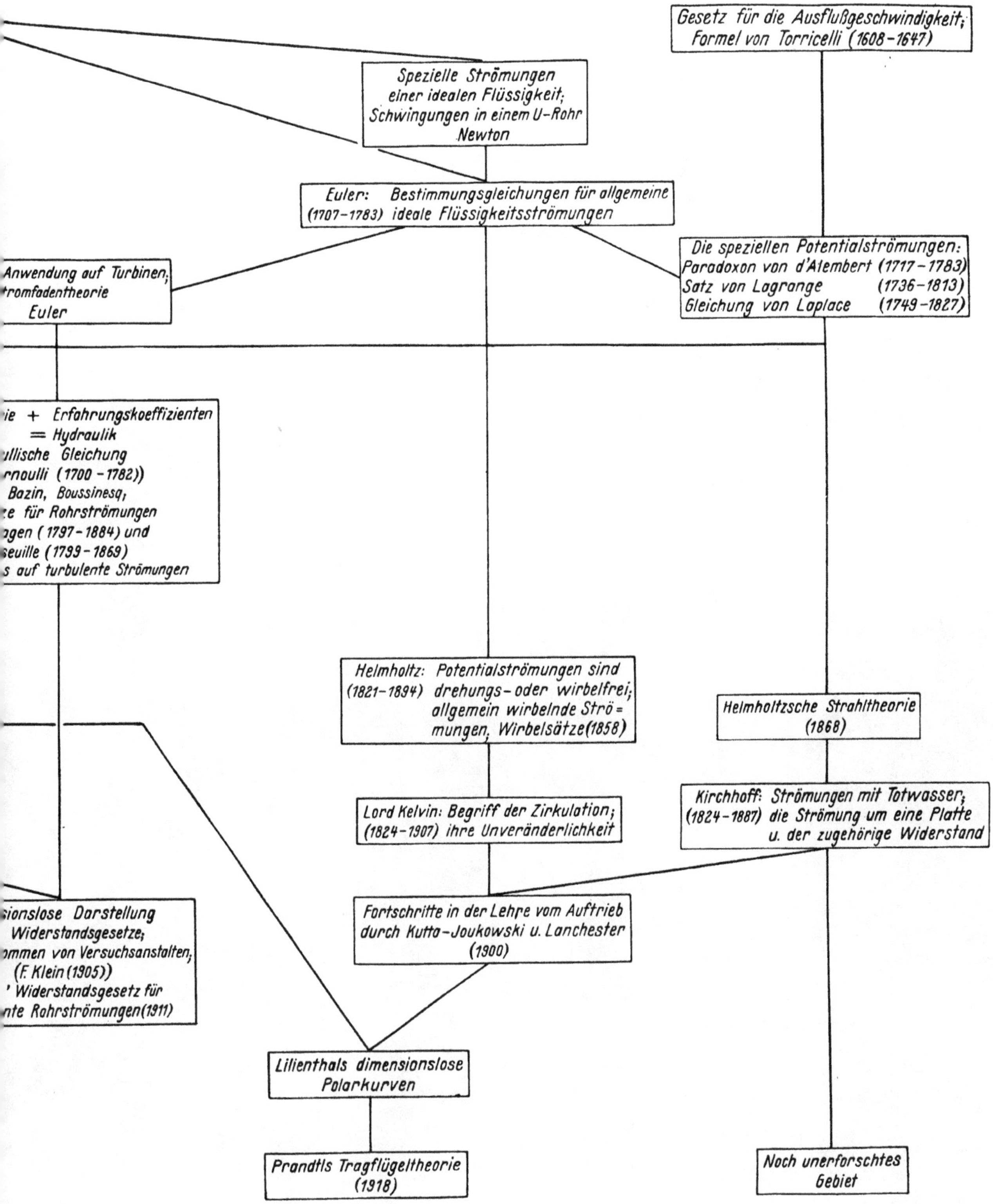
Gesetz für die Ausflußgeschwindigkeit; Formel von Torricelli (1608-1647)
Spezielle Strömungen einer idealen Flüssigkeit; Schwingungen in einem U-Rohr Newton
Euler: (1707-1783) Bestimmungsgleichungen für allgemeine ideale Flüssigkeitsströmungen
Anwendung auf Turbinen; tromfadentheorie Euler
Die speziellen Potentialströmungen: Paradoxon von d'Alembert (1717-1783) Satz von Lagrange (1736-1813) Gleichung von Laplace (1749-1827)
ie + Erfahrungskoeffizienten = Hydraulik
ulische Gleichung
rnoulli (1700-1782))
Bazin, Boussinesq,
e für Rohrströmungen
gen (1797-1884) und
seuille (1799-1869)
s auf turbulente Strömungen
Helmholtz: (1821-1894) Potentialströmungen sind drehungs- oder wirbelfrei; allgemein wirbelnde Strö= mungen, Wirbelsätze (1858)
Helmholtzsche Strahltheorie (1868)
Lord Kelvin: (1824-1907) Begriff der Zirkulation; ihre Unveränderlichkeit
Kirchhoff: (1824-1887) Strömungen mit Totwasser; die Strömung um eine Platte u. der zugehörige Widerstand
sionslose Darstellung
Widerstandsgesetze;
ommen von Versuchsanstalten;
(F. Klein (1905))
' Widerstandsgesetz für
nte Rohrströmungen (1911)
Fortschritte in der Lehre vom Auftrieb durch Kutta-Joukowski u. Lanchester (1900)
Lilienthals dimensionslose Polarkurven
Prandtls Tragflügeltheorie (1918)
Noch unerforschtes Gebiet

gslehre

Ferner benutzen wir öfters die bekannten skalaren und vektoriellen Abkürzungen (wobei wir — was erlaubt ist — in der Ebene die Rotation als einen Skalar behandeln):

$$\text{Skalar div } \mathfrak{w} = \frac{\partial u}{\partial x} + \frac{\partial v}{\partial y} \quad \text{(Divergenz)}$$

$$\text{« rot } \mathfrak{w} = \frac{\partial v}{\partial x} - \frac{\partial u}{\partial y} \quad \text{(Rotation)}$$

$$\text{« } \Delta\, p = \frac{\partial^2 p}{\partial x^2} + \frac{\partial^2 p}{\partial y^2} \quad \text{(Laplacescher Ausdruck)}$$

$$\text{Vektor grad } p = \left(\frac{\partial p}{\partial x}, \frac{\partial p}{\partial y}\right) \quad \text{(Gradient).}$$

Der Wert einer Größe wie z. B. des Schubes τ an der Wand wird durch τ_0 bezeichnet.

$\bar{u}$ und U sind die mittlere bzw. maximale Geschwindigkeit beim Kanal;

$\bar{u}$ die Anströmungsgeschwindigkeit bei der Platte, für die später auch (in Übereinstimmung mit manchen Autoren und ohne Gefahr eines Mißverständnisses) gleichzeitig der Buchstabe U gebraucht wird.

Reynoldssche Zahl:

Für den Kanal $Re = \frac{U \cdot b}{\nu}$, wobei b die halbe Kanalbreite ist;

für die Platte $Re = \frac{\bar{u} \cdot l}{\nu}$, wo l eine passende Länge ist;

für $\frac{1}{Re}$ wird oft auch ν' geschrieben.

Außerdem tritt bei der Platte die auf eine variable Länge x bezogene Reynoldssche Zahl $Re = \frac{\bar{u} \cdot x}{\nu}$ auf, für die, da später stets aus dem Zusammenhang klar sein wird, um welche Reynoldsche Zahl es sich handelt, ohne Gefahr einer Verwechslung ebenfalls dasselbe Zeichen Re benutzt wird.

Schließlich bemerken wir noch allgemein: Der Übergang zu neuen Variablen wird oft durch Anheften eines Striches ′, Sternes * und dergleichen angedeutet, mitunter auch durch neue z. B. griechische Buchstaben bzw. durch Übergang zu den betreffenden großen Buchstaben; ferner mußten mitunter infolge der zahlreichen Formeln und Gleichungen frühere Bezeichnungen vorübergehend in anderem Sinne gebraucht werden, ohne daß hieraus ein Mißverständnis entstehen dürfte.

Gliederung.

I. Theoretische Grundlagen.

1. Abschnitt: Vorbereitungen.

A. Die Bestimmungsgleichungen für die Flüssigkeitsbewegung nach Navier-Stokes.

1. Einleitung und Bezeichnungen.

1. Im folgenden betrachten wir nur Flüssigkeitsbewegungen, die in einer Ebene verlaufen und die in jedem Augenblick dem Beschauer dasselbe Bild zeigen, d. h. deren Strömungszustand von der Zeit unabhängig ist, kurz: sog. ebene stationäre Strömungen. Die Flüssigkeitsdichte werde als streng konstant behandelt: Dies bringt mit sich, daß irgendeine abgegrenzte Flüssigkeitsmasse im Laufe ihrer Bewegung ihr Volumen nicht ändert, die Bewegung also volumenbeständig erfolgt.

Wir erinnern an die üblichen Bezeichnungen und Abkürzungen: Denken wir uns an jedes Flüssigkeitsteilchen den Geschwindigkeitspfeil (= Vektor) $\mathfrak{w}$ angeheftet, so sprechen wir in diesem Sinne vom Geschwindigkeitsfeld $\{\mathfrak{w}\}$; ähnlich vom Druckfeld $\{p\}$, wenn an jeder Stelle die Maßzahl (der Skalar) angebracht wird, die den dortigen Druck p angibt; $\{\mathfrak{w}\}$ und $\{p\}$ sind Beispiele für ein Vektor- bzw. ein Skalarfeld. u, v seien die Koordinaten, im folgenden oft abgekürzt durch Koo, der Geschwindigkeit in einem üblichen kartesischen xy-System: $\mathfrak{w} = (u, v)$ (Bild 1), ϱ die (konstante) Dichte. Ferner seien partielle Differentialquotienten, wie z. B. $\frac{\partial f}{\partial x}$ kurz mit f_x bezeichnet.

Wir wollen nun die Bestimmungsgleichungen für unsere Bewegung aufstellen. Dabei setzen wir voraus, daß die Schwerkraft auf die Bewegung keinen Einfluß hat (z. B. wenn die Strömung horizontal verläuft) bzw. dieser Einfluß vernachlässigbar ist, und daß außer ihr keine weiteren äußeren Kräfte wirken.

Zunächst legt die oben ausgesprochene Voraussetzung, daß die Bewegung volumbeständig erfolgt, dem Geschwindigkeitsfeld $\{\mathfrak{w}\}$, d. h. dem Feld der zugehörigen Koo u, v eine gewisse (kinematische) Bedingung auf, die wir in die Sprache unserer Koo übersetzen müssen. Und zwar soll dies auf zwei verschiedenen Wegen geschehen.

2. Die Kontinuitäts- oder Durchflußgleichung.

a) 1. Weg: Über die Stromfunktion Ψ

2. Bild 2 zeigt eine Reihe von Stromlinien (die hier — da die Strömung stationär erfolgt — mit den Bahnlinien zusammenfallen) und ein darin abgegrenztes »Flüssigkeitsvolumen« sowie dasselbe Volumen nach der (genügend klein gedachten) Zeiteinheit (in Bild 2 gestrichelt). Daß dann das gestrichelte Volumen gleich dem ursprünglichen ist, bedeutet, daß das aus der ursprünglichen Umrandung ausgetretene (einfach schraffierte) Volumen gleich dem eingetretenen (zweifach schraffierten) ist bzw. wenn wir austretende Volumen positiv, eintretende negativ rechnen, daß alles in allem das Volumen Null austritt. Anders ausgedrückt: Denken wir uns durch zwei beliebige Punkte A und P die Umrandung in zwei Kurvenstücke $\mathfrak{C}_1, \mathfrak{C}_2$ zerlegt, deren jede wir uns in der Richtung von A und P durchlaufen denken, so tritt in beiden Fällen dasselbe Flüssigkeitsvolumen nach rechts aus. Das heißt aber: Zeichnen wir in Bild 3 einen beliebigen aber festen Punkt A aus, und verbinden diesen Punkt durch eine beliebige Kurve mit dem variabel gedachten Punkt P, so tritt durch jede derartige Kurve dasselbe Flüssigkeitsvolumen nach rechts aus. Dieses Volumen hängt also (da A fest ist) nur noch von dem variablen Punkt $P(x, y)$ ab, und wir können uns seinen Wert an diesen Punkt angeheftet denken: so gelangen wir zu einer eindeutigen Funktion $\Psi(x, y)$, die als Lagrangesche Stromfunktion bezeichnet wird. Hat man diese Stromfunktion Ψ, so kann man von ihr aus leicht auch wieder zu den Geschwindigkeitskoo u, v zurückkehren: Rücken wir in Bild 4 von P in Richtung der y-Achse um dy nach P' weiter, so ändert sich

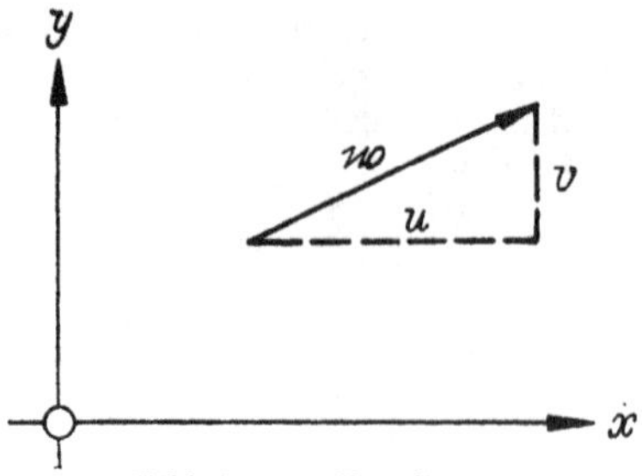

Bild 1. Die Koordinaten.

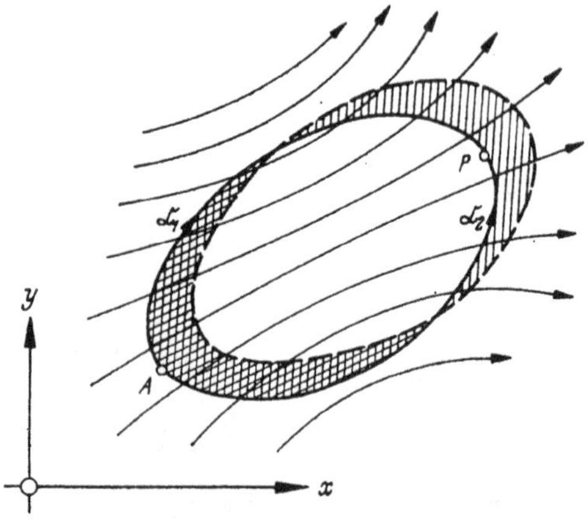

Bild 2. Das von C_1 (ausgezogen) abgegrenzte Flüssigkeitsvolumen wird von der Strömung im Laufe der Zeiteinheit in das von C_2 (gestrichelt) abgegrenzte gleich große Volumen übergeführt; das einfach schraffierte Volumen ist daher gleich dem doppelt schraffierten.

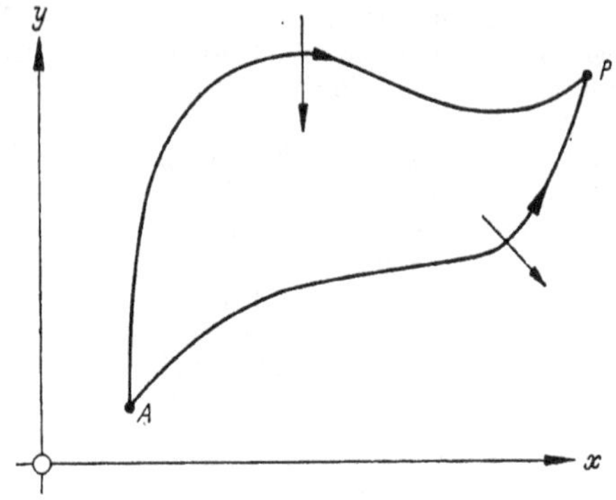

Bild 3. Zur Definition der Stromfunktion: Durch jede der Kurven von A bis P tritt pro Zeiteinheit dasselbe Flüssigkeitsvolumen (mit dem richtigen Vorzeichen versehen) nach rechts in der eingezeichneten Pfeilrichtung aus.

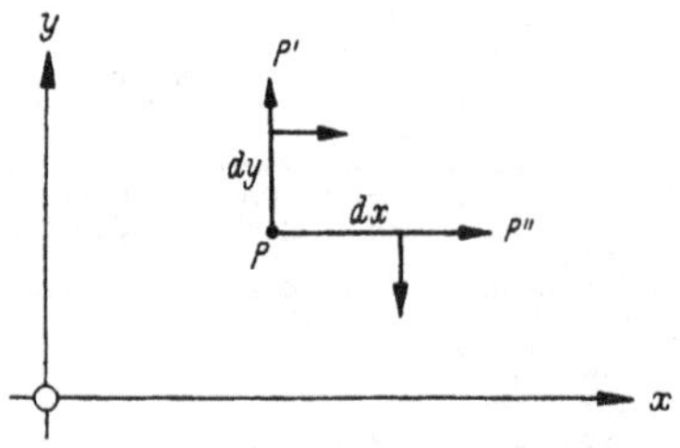

Bild 4. Zur Berechnung des Geschwindigkeitskoordinaten aus der Stromfunktion.

Ψ um das kleine Flüssigkeitsvolumen $u\,dy$, das durch PP' tritt, andererseits um $\Psi_y dy$, d. h. es ist

$$u\,dy = \Psi_y\,dy \quad \text{oder} \quad u = \Psi_y.$$

Geht man analog in der x-Richtung um dx nach P'' weiter, so tritt nach rechts (d. h. also nach unten!) das kleine Volumen $-v\,dx$ aus, das andererseits wieder auch $= \Psi_x\,dx$ ist, also

$$-v\,dx = \Psi_x\,dx \quad \text{oder} \quad v = -\Psi_x.$$

Beide Gleichungen (im folgenden oft abgekürzt durch Gl.)

$$u = \psi_y, \quad v = -\psi_x \quad \text{. . . . . (1)}$$

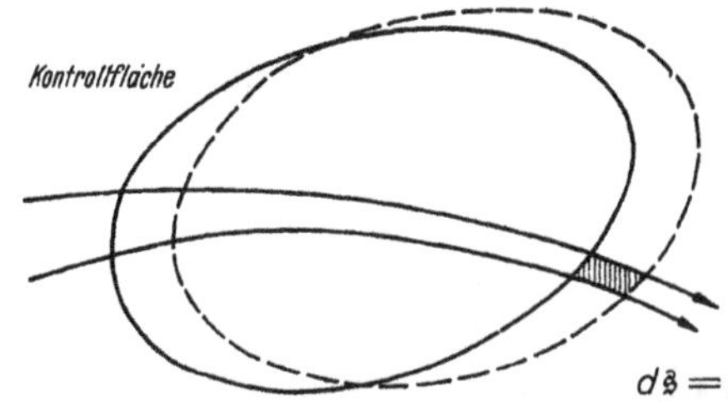

Bild 5.

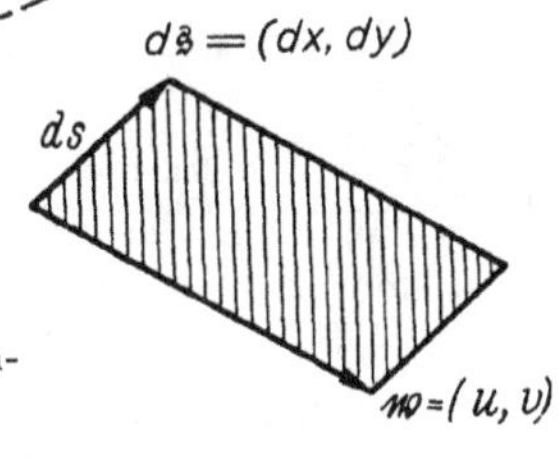

Bild 5a. Zur Berechnung der Volumvergrößerung pro Zeiteinheit (Dilatation).

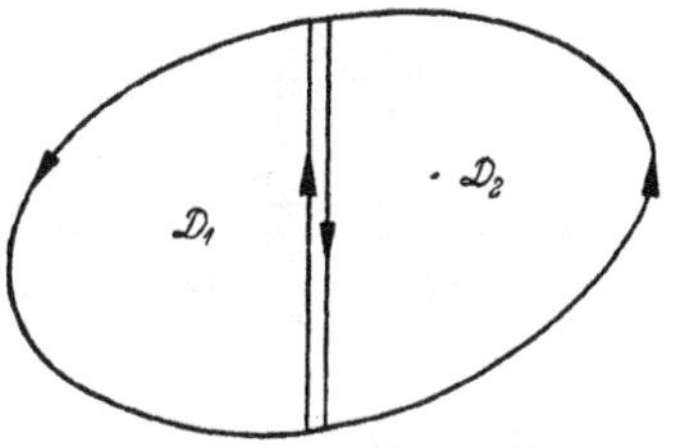

Bild 6. Die Dilatation D des gesamten Gebietes setzt sich additiv aus den Dilatationen der Einzelgebiete zusammen: $D = D_1 + D_2$.

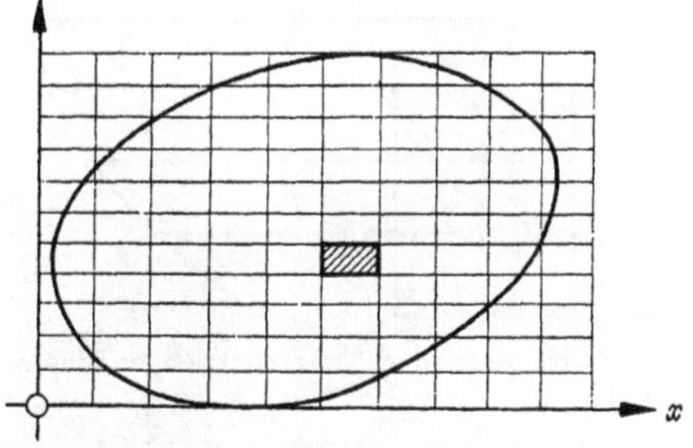

Bild 7. Zur Berechnung der Dilatation für das abgegrenzte Gebiet· Dasselbe wird zu diesem Zwecke aus den achsenparallelen rechteckigen kleinen Maschen aufgebaut.

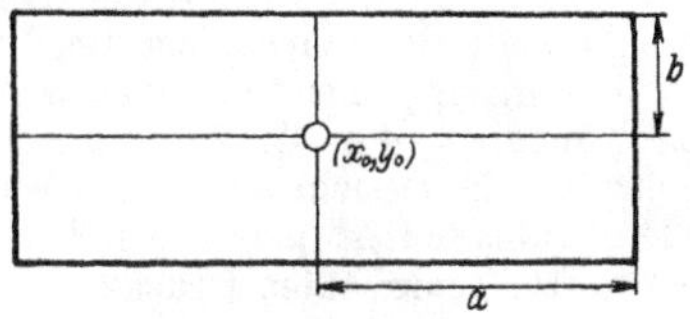

Bild 8. Zur Berechnung der Dilatation für eine Masche von Bild 7: Dieselbe ist gleich der spezifischen Dilatation oder Divergenz im Mittelpunkt (x_0, y_0), multipliziert mit dem Inhalt der Masche (2a) (2b).

zeigen die große Vereinfachung, welche die Einführung der Stromfunktion mit sich gebracht hat, indem die Kenntnis der beiden Funktionen u, v hierdurch zurückgeführt wird auf die Kenntnis der einen Funktion Ψ. (1) stellt die gesuchte Bedingung dar, der die beiden Koo u, v gehorchen müssen. Wir können ihr leicht eine Form geben, in welcher nur u, v vorkommen: dazu braucht man nur die erste Gl. nach x, die zweite nach y zu differenzieren und beide zu addieren, und erhalt, da dann die rechte Seite verschwindet, die sog. Kontinuitätsgleichung

$$u_x + v_y = 0 \quad \ldots\ldots\ldots\ldots \quad (2)$$

b) 2. Weg: Über die Dilatation bzw. Divergenz (Gaußscher Integralsatz).

3. Hier wollen wir die Beziehung (2) direkt, d. h. ohne den Umweg über die Stromfunktion nachweisen. Dies geschieht in der Weise, daß wir vorläufig ganz davon absehen, daß das Feld $\{\mathfrak{w}\}$ zu einer volumbeständigen Flüssigkeitsbewegung gehört, vielmehr ein beliebiges Feld $\{\mathfrak{w}\}$ betrachten, seine Volumänderung berechnen und hernach wieder auf unseren Fall spezialisieren.

Wie aus Bild 5 und 5a hervorgeht, ist die Volumvergrößerung in der nächsten Zeiteinheit bzw. die Dilatation (schon mit dem richtigen Vorzeichen behaftet) pro »Linienelement« $d\mathfrak{s} = (dx, dy)$ von der Länge (ds) gleich dem Inhalt des schraffierten Parallelogramms, also $(u\,dy - v\,dx)$, mithin insgesamt

$$\text{Dilatation } D = \oint (u\,dy - v\,dx) \quad \ldots\ldots \quad (3)$$

Schreibt man $u\,dy - v\,dx$ in der Form $\left(u\frac{dy}{ds} - v\frac{dx}{ds}\right) ds$, so ist der zweite Faktor die Grundlinie mithin der erste die Höhe des Parallelogramms, d. h. also die Koo der Geschwindigkeit in Richtung der äußeren Normalen; ist also ds Teil einer festen Wand, so muß — da durch eine solche keine Flüssigkeit treten kann — diese Normalkoo der Geschwindigkeit $= 0$ sein. Dies ist eine notwendige kinematische Bedingung, der jede Flüssigkeitsbewegung genügen muß; berücksichtigt man auch die Zähigkeit der Flüssigkeit, so verengt sich diese Bedingung dahin, daß auch die tangentielle Geschwindigkeitskoo $= 0$ ist, d. h. die Flüssigkeit an der festen Wand haftet.

4. Zu einem anderen Ausdruck für D gelangen wir nun leicht auf Grund der folgenden Eigenschaft von D: Zerlegen wir in Bild 6 das Gebiet durch einen Querschnitt in 2 Teilgebiete, deren Dilatationen bzw. D_1, D_2 sind, so ist

$$D = D_1 + D_2 \quad \ldots\ldots\ldots\ldots \quad (4)$$

da sich längs des Querschnittes die einzelnen Beiträge zu dem Integral rechts in (3) gegenseitig aufheben. D verhält sich also ganz ähnlich wie z. B. eine Masse: Denkt man sich das Gebiet irgendwie mit einer Masse M belegt, so gilt ja auch

$$M = M_1 + M_2 \quad \ldots\ldots\ldots \quad (4a)$$

wo M_1, M_2 die den Teilgebieten zukommenden Massen sind. Man drückt die Eigenschaft (4) bzw. (4a) kurz dahin aus, daß man sagt: Die Dilatation bzw. die Masse ist eine »additive« Gebietsfunktion. Zerlegen wir also das Gebiet durch fortgesetztes Ziehen von Querschnitten in immer kleiner werdende Teilgebiete, so erhalten wir D als Summe der einzelnen Dilatationen der Teilgebiete. Wird ein solches Teilgebiet mit dem Inhalt F_ν und der Dilatation D_ν genügend klein, so dürfen wir weiter analog wie bei einer Massenbelegung annehmen, daß das Verhältnis $\frac{D_\nu}{F_\nu}$ einem Grenzwert zustrebt, der in Analogie zur Massendichte als Dilatationsdichte, oder auch in Anlehnung an die entsprechenden Verhältnisse bei Gewichten in Analogie zum spezifischen Gewicht als spezifische Dilatation angesprochen werden kann, üblicherweise aber als Divergenz, genauer Divergenz von $\mathfrak{w}$, bezeichnet und mit $\operatorname{div} \mathfrak{w}$ abgekürzt wird. $\operatorname{div} \mathfrak{w}$ ist dann wie die Massendichte eine im Gebiet veränderliche Ortsfunktion, hängt also von x, y ab, und es gilt »im Kleinen«

$$\text{Dilatation} = \operatorname{div} \mathfrak{w} \cdot \{\text{zugehörige Fläche}\} \quad \ldots \quad (5)$$

5. Um $\operatorname{div} \mathfrak{w}$ explizit in unseren Koo auszudrücken, bauen wir das Gebiet nach Bild 7 aus lauter achsenparallelen rechteckförmigen Maschen auf. Ist eine solche in Bild 7 schraffierte und in Bild 8 vergrößert herausgezeichnete Masche, deren Mittelpunkt (x_0, y_0) sei, genügend klein, so andern sich nach dem Grundgesetz der Differentialrechnung innerhalb dieser Masche die beiden Geschwindigkeitskoo u, v linear mit den Koo x, y bzw. den relativen Koo $x - x_0$, $y - y_0$ gemäß der folgenden leicht verständlichen »Taylorentwicklung«

$$u = u_0 + (u_x)_0\,(x - x_0) + (u_y)_0\,(y - y_0)$$
$$v = v_0 + (v_x)_0\,(x - x_0) + (v_y)_0\,(y - y_0).$$

Rechnet man mit diesen u, v das Integral in (3) rechts aus, so erhält man sofort

$$\oint (u\,dy - v\,dx) = \{(u_x)_0 + (v_y)_0\} \text{ (2a) (2b)}.$$

Da $(2a)$ $(2b)$ die zugehörige Fläche ist, so haben wir also nach (4) für die spez. Dilatation bzw. Divergenz div $\mathfrak{w}$ im Mittelpunkt (x_0, y_0):

$$(\text{div } \mathfrak{w})_0 = (u_x)_0 + (v_y)_0.$$

Denken wir uns jetzt den Mittelpunkt x_0, y_0 variabel und schreiben dafür x, y, so haben wir endgültig

$$\text{div } \mathfrak{w} = u_x + v_y \left(= \frac{\partial u}{\partial x} + \frac{\partial v}{\partial y}\right) \quad . \quad . \quad . \quad . \quad (6)$$

und hieraus — wenn jetzt dx, dy an Stelle von $2a, 2b$ gesetzt werden — für die Dilatation D des Ausgangsgebietes

$$D = \iint (u_x + v_y)\, dx\, dy \quad . \quad . \quad . \quad . \quad . \quad . \quad . \quad (7)$$

(7) ist die 2. Form, in der wir D ausdrücken können. Aus der Gleichheit der beiden Formen (3) und (7) ergibt sich der sog. Gaußsche Integralsatz der Ebene

$$\iint (u_x + v_y)\, dx\, dy = \oint (u\, dy - v\, dx) \quad . \quad . \quad . \quad . \quad (8)$$

der ein Gebiets- in ein Randintegral verwandelt bzw. umgekehrt. Dieser Satz gilt natürlich wieder für irgend zwei Funktionen u, v, die wir uns jedoch — wie wir es hier getan haben — passend als Geschwindigkeitskoo eines Strömungsfeldes vorstellen. Erfolgt speziell die Bewegung volumbeständig, so muß

$$\text{div } \mathfrak{w} = u_x + v_y = 0$$

sein, was wieder die Kontinuitätsgl. (2) ist.

3. Das Grundgesetz von Newton.

6. Hier haben wir in unseren Koo auszudrücken, daß ein in Bewegung begriffenes Flüssigkeitsteilchen in jedem Augenblick dem Grundgesetz von Newton gehorcht:

$$\left\{ \begin{array}{c} \text{Änderung der Bewegungsgröße} \\ \text{in der Zeiteinheit} \end{array} \right\} = \left\{ \text{wirkende Kraft} \right\} \quad (9)$$

Hierbei ist für ein Teilchen der Masse m und dem Geschwindigkeitspfeil $\mathfrak{w}$ die Bewegungsgröße der mit m multiplizierte Pfeil $\mathfrak{w}$, also $m\,\mathfrak{w}$; seine Koo sind mithin $m\,u$, $m\,v$. In den Koo ausgedrückt, zerfällt dann (9) in 2 Aussagen, welche jeweils die Gleichheit entsprechender Koo von linker und rechter Seite in (9) fordern. Die wirkende Kraft setzt sich zusammen: 1. aus den Druckkräften senkrecht auf die Oberfläche; und 2. aus den (durch die Zähigkeit bedingten) Schubkräften parallel zur Oberflache. — Ehe wir jedoch die Aufgabe allgemein lösen, erledigen wir sie erst an 2 speziellen und bekannten Strömungen, die uns gleichzeitig eine Vorstellung vom Wesen der Zähigkeitskräfte geben sollen.

4. Bestimmung der Zähigkeits- und Druckkräfte im Falle der speziellen Strömungen von Couette und Hagen-Poiseuille.

a) Die Zähigkeitskraft bei der Strömung von Couette (Ansatz von Newton).

7. Bild 9 und 10 zeigen diese beiden Strömungen, deren zweite die bekannte Poiseuillesche Kanalströmung ist: In beiden Fällen erfolgt die Strömung in Schichten oder Lamellen (d. h. »laminar«) parallel zur x-Achse, die sich übereinander hinwegschieben, wobei, wie die Erfahrung zeigt, die wandnächsten Schichten fest an der betreffenden Wand haften. Bild 9 veranschaulicht den Newtonschen Ansatz: Zur Aufrechterhaltung der Strömung muß auf die obere bewegte Wand pro Flächeneinheit dauernd eine Kraft, d. h. ein Schub τ in Richtung der Strömung ausgeübt werden, der dem geschaffenen Geschwindigkeitsanstieg $\frac{u}{d}$ proportional ist, wobei der Proportionalitätsfaktor nur von der Natur der Flüssigkeit abhängt und als Zähigkeit μ bezeichnet wird, also

$$\text{Schub } \tau = \mu \frac{u}{d} \text{ (Ansatz von Newton)} \quad . \quad . \quad . \quad (10)$$

Denselben Schub übt jede der inneren Schichten auf ihren unteren Nachbar aus, der ihr nach dem Prinzip von »actio gleich reactio« einen gleichgroßen Schub als Widerstand entgegengesetzt, und dieses Kräftespiel pflanzt sich fort bis auf

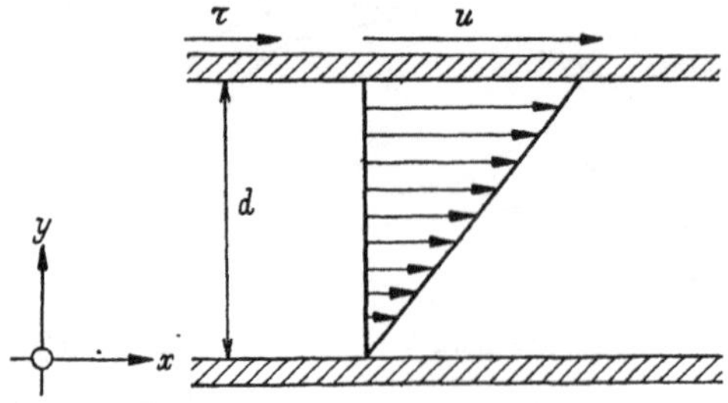

Bild 9. Die (laminare) Strömung zwischen zwei benachbarten parallelen Platten, von denen die untere ruht und die obere mit der Geschwindigkeit u bewegt wird: Das Geschwindigkeitsprofil ist linear und der auf die bewegte Wand auszuübende Schub τ bis auf die Zähigkeitskonstante μ gleich dem Geschwindigkeitsanstieg $\frac{u}{d}$ (Ansatz von Newton).

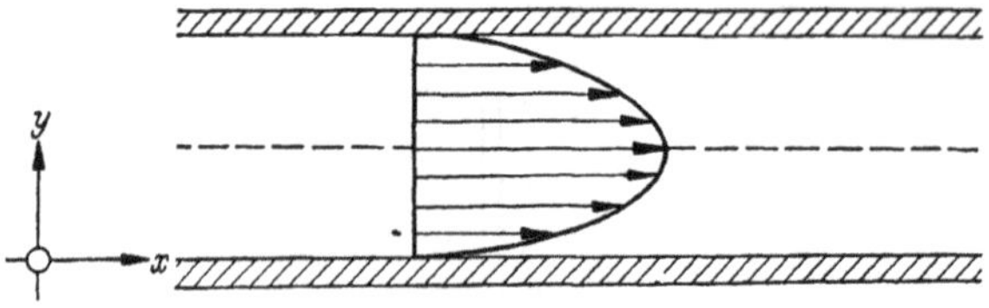

Bild 10. Die (laminare und sog. ausgebildete) Strömung in einem von zwei parallelen Wänden begrenzten Kanal.

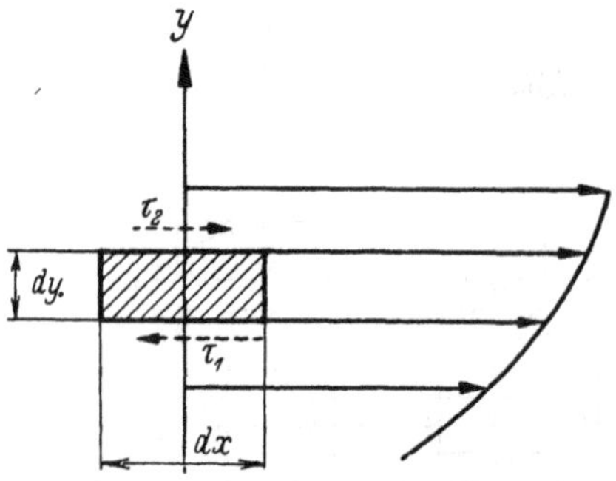

Bild 11. Zur Berechnung der Zähigkeitskraft für das schraffierte Element.

die untere Wand: dort übt die Flüssigkeit in der x-Richtung den Schub τ auf die Wand aus bzw. umgekehrt die Wand den entgegengesetzten Schub auf die Flüssigkeit. Die Summe aller Schube auf die untere Wand ergeben den Reibungs- oder Zähigkeitswiderstand, dem die Wand mit einer entgegengesetzten gleichgroßen Kraft antwortet; letzteres ist nur dadurch möglich, daß die Wand irgendwie gehalten wird (»Haltekraft«). Man sieht: Infolge ihrer (mehr oder weniger großen) Zähigkeit ist jede Flüssigkeit in der Lage, außer den bekannten senkrechten Druckkräften auch solche parallele Schubkräfte zu übertragen.

b) Die Zähigkeitskraft bei der Strömung von Hagen-Poiseuille.

8. Ist das Geschwindigkeitsprofil, kurz u-Profil, nicht linear sondern gekrümmt wie in Bild 10, so kann man es in der Umgebung jeder Stelle als linear ansehen, indem man dort das Profil durch seine Tangente ersetzt. An die Stelle von $\frac{u}{d}$ in (10) tritt dann der Differential- (im folgenden oft abgekürzt durch Diff.-) Quotient $\frac{du}{dy} = u_y$:

$$\tau = \mu \frac{du}{dy} = \mu\, u_y \quad . \quad . \quad . \quad . \quad . \quad . \quad . \quad . \quad (11)$$

Für das schraffierte Teilchen in Bild 11 ergeben diese Schube dann die Einzelkraft

$$(\tau_2 - \tau_1)\, dx,$$

wo $\tau_2 - \tau_1 = \frac{\partial \tau}{\partial y} dy$, also nach (11) $= \mu \frac{d^2 u}{d y^2}\, dy = \mu\, u_{yy}\, dy$ ist; die Zahigkeitskraft wird dann $\mu\, u_{yy}\, dx\, dy$, mithin pro Volumeneinheit $\mu\, u_{yy}$, d. h. also:

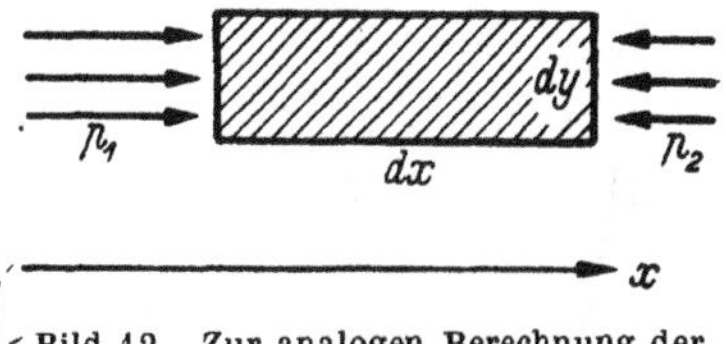

Bild 12. Zur analogen Berechnung der Druckkraft.

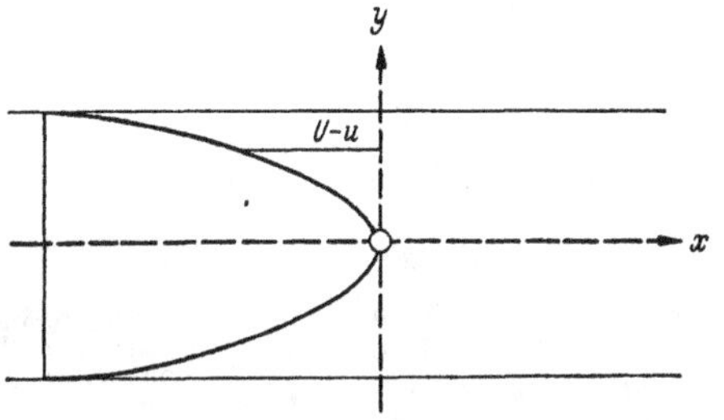

Bild 13. Das Geschwindigkeitsprofil der Kanalströmung in Bild 10 ist parabolisch.

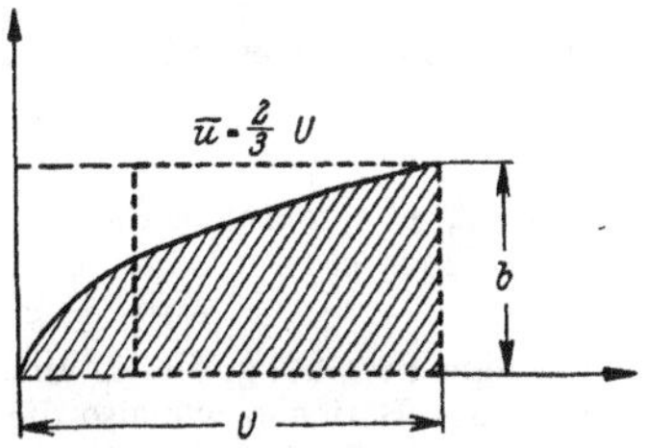

Bild 14. Zur Berechnung der mittleren Geschwindigkeit der Kanalströmung in Bild 10.

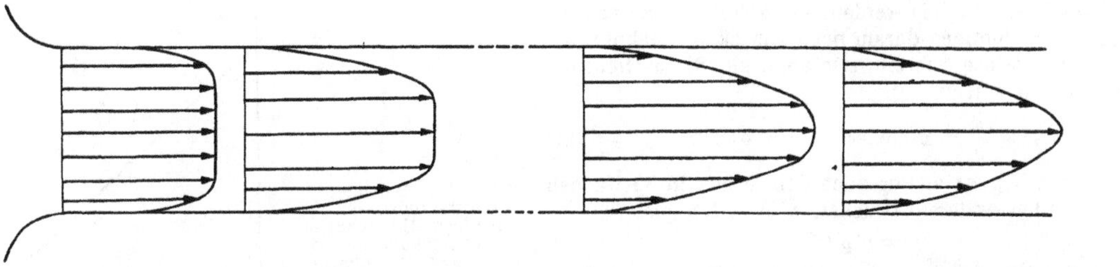
Bild 15. Die Strömung erfolgt erst nach Zurücklegung einer gewissen Anlaufstrecke (gerechnet vom Eintritt an) in achsenparallelen Schichten oder Lamellen (laminare Strömung!); erst dann ist das Geschwindigkeitsprofil parabolisch wie in Bild 13.

$$\left\{\begin{matrix}\text{Zähigkeitskraft}\\ \text{pro Volumeneinheit}\end{matrix}\right\} = \mu\, u_{yy} \quad \left(\begin{matrix}\text{im Falle des Bildes 11}\\ \text{ist } u_{yy} < 0\end{matrix}\right) \qquad (12)$$

(11) bzw. (12) können wir so ausdrücken: Der Schub bzw. die Zähigkeitskraft kommen durch die Geschwindigkeitsunterschiede (die hier nur in Richtung der y-Achse stattfinden) zustande und zwar ist fur den Schub der Geschwindigkeitsanstieg bzw. erster Diff.-Quotient, für die resultierende Zähigkeitskraft die Änderung dieses Anstieges, d. h. der zweite Diff.-Quotient, maßgebend. Die Bestimmung der Zähigkeitskraft für beliebige Strömungen geschieht weiter unten.

c) Die Druckkraft.

9. Ähnlich wie aus den Schuben die Zähigkeitskraft, so berechnen wir aus den Drucken die Druckkraft: Nach Bild 12 erhält man die Druckkraft in der x-Richtung

$$(p_1 - p_2)\, dy = -\frac{\partial p}{\partial x}\, dx\, dy = -p_x\, dx\, dy$$

und hieraus

$$\left\{\begin{matrix}\text{Druckkraft pro}\\ \text{Volumeneinheit}\end{matrix}\right\} = -p_x \quad \ldots\ldots \quad (13)$$

für die x-Richtung, und analog $-p_y$ für die y-Richtung. Eine anschaulichere Vorstellung von diesen Druckkräften werden wir weiter unten gewinnen.

d) Weitere Bemerkungen zur Strömung von Hagen-Poiseuille.

10. Das Geschwindigkeitsprofil ist parabolisch; Zusammenhang zwischen mittlerer Geschwindigkeit, Wandschub und Druckgefälle (Gesetz von Hagen-Poiseuille). Da sich bei unseren Flüssigkeitsbewegungen der Strömungszustand in der x-Richtung nicht ändert, so ist die Änderung der Bewegungsgröße = 0, d. h.: Es müssen sich nach dem Newtonschen Grundgesetz (9) an jedem Teilchen die Druck- und Zähigkeitskraft gegenseitig aufheben. Dies bedeutet für die y-Richtung (in der ja keine Zähigkeitskraft wirkt)

$$0 = -p_y \quad \ldots\ldots\ldots \quad (14\text{a})$$

d. h. die Konstanz des Druckes in der y-Richtung, so daß also p nur noch von x abhängen kann und für die x-Richtung

$$0 = -p_x + \mu\, u_{yy} \quad \ldots\ldots \quad (14\text{b})$$

woraus sich weiter ergibt: Da u_{yy} nicht von x abhängt, so trifft dasselbe auf $-p_x$ zu, d. h. das »Druckgefälle« ist konstant und damit auch u_{yy}:

$$u_{yy} = \text{const} = \frac{+p_x}{\mu} \quad \ldots\ldots \quad (15)$$

Aus (15) folgt, daß das u-Profil eine Parabel ist, die sich folgendermaßen explizit bestimmt: Aus (15) und der Tatsache, daß das u-Profil symmetrisch zur Kanalachse ist, folgt in bezug auf das gestrichelte Koo-System in Bild 13 mit U als noch unbekannter Maximalgeschwindigkeit, die hier die Rolle einer Integrationskonstanten spielt:

$$U - u = \frac{-p_x}{\mu}\frac{y^2}{2!} = \frac{-p_x}{\mu}\frac{y^2}{2}.$$

Hierin ist U noch so zu bestimmen, daß an der Wand also für $y = \pm b$ die Flüssigkeit haftet, dort also $u = 0$ und mithin

$$U = \frac{-p_x}{\mu}\frac{b^2}{2}$$

wird. Zusammen folgt aus beiden Gleichungen

$$\left.\begin{aligned} u(y) &= \frac{-p_x}{\mu}\frac{b^2}{2} - \frac{-p_x}{\mu}\frac{y^2}{2} = \frac{-p_x}{2\mu}\left\{b^2 - y^2\right\} \\ u(y) &= \underbrace{\frac{-p_x}{\mu}\frac{b^2}{2}}_{U}\left\{1 - \left(\frac{y}{b}\right)^2\right\} = U\left\{1 - \left(\frac{y}{b}\right)^2\right\} \end{aligned}\right\} \quad (16)$$

Wir geben noch die mittlere Geschwindigkeit an, die man entweder direkt aus (16) berechnet, oder nach der bekannten Regel bestimmt, wonach der Inhalt des schraffierten Parabelstückes (in Bild 14) = $^2/_3$ des gestrichelten Rechteckes ist:

$$\bar{u} = \frac{2}{3}\, U = \frac{2}{3}\frac{-p_x}{\mu}\frac{b^2}{2} \quad \ldots\ldots \quad (17)$$

Für den Wandschub $\tau = \mu\, u_y$ folgt aus (16):

$$\left.\begin{aligned} \tau_0 &= \mu\, u_y \quad \text{für } y = -b \\ &= \mu\frac{-p_x}{2\mu}\left\{-2y\right\}_{y=-b} = (-p_x)\cdot b \end{aligned}\right\} \quad (18)$$

Daß das so bestimmte Geschwindigkeitsfeld der Kontinuitätsgl. genügt, leuchtet von vornherein ein, wird aber auch durch die einfache Rechnung bestätigt, daß $u_x \equiv 0$ und $v \equiv 0$ mithin auch $v_y \equiv 0$ und damit $u_x + v_y = 0$ ist.

11. Das Gesetz von Hagen-Poiseuille gilt nicht im laminaren Anlauf. — Es sei jedoch betont, daß das gewonnene Resultat nur unter der Voraussetzung gewonnen worden ist, daß die Strömung streng parallel zu den Wänden erfolgt. Es ist bekannt, daß bei der Kanalströmung dies erst zutrifft, wenn dieselbe eine gewisse »Anlaufstrecke« (gerechnet von der Eintrittsstelle an) überwunden hat, vgl. Bild 15, das auch zeigt, wie aus dem nahezu rechteckförmigen u-Profil an der Eintrittsstelle allmählich das parabolische u-Profil der Poiseuilleschen Strömung wird.

12. Dimensionslose Formulierung der gewonnenen Ergebnisse: Die Widerstandsziffer λ in Abhängigkeit von der

Reynoldsschen Zahl *Re*. — An (16) knüpfen wir noch einige wichtige Bemerkungen an. Setzen wir

$$\frac{u}{U} = u', \quad \frac{y}{b} = y' \quad \ldots\ldots\ldots \quad (19)$$

wo also u', y' dimensionslose, d. h. reine Zahlen sind, so geht (16) über in

$$u' = 1 - y'^2 \quad \ldots\ldots\ldots\ldots \quad (20)$$

d. h. in eine Beziehung, die für alle solche Kanalströmungen dieselbe ist. Beziehen wir also die Abstände y auf b, d. h. also auf die halbe Kanalbreite, d. h. messen wir y in Vielfachen von b und ebenso u in Vielfachen von U, so erhalten wir für alle Poiseuilleschen Kanalströmungen ein und dasselbe Geschwindigkeitsprofil. Anders ausgedrückt: Durch die »affine« Dehnung (19) werden alle u-Profile zur Deckung gebracht. Wir kommen darauf noch zurück. — Dehnen wir diese dimensionslose Schreibweise auch auf die x-Richtung aus, indem wir setzen

$$\frac{x}{b} = x' \quad \text{oder} \quad x = x'\,b \quad \ldots\ldots \quad (21)$$

und messen wir ganz analog auch den Druck in Vielfachen eines passenden anderen Druckes, z. B. $\varrho\, U^2$, also

$$p = p'\,\varrho\, U^2 \quad \ldots\ldots\ldots\ldots \quad (22)$$

so wird aus der früheren Beziehung (14b) — wegen $p_x = p_{x'}'\,\frac{\varrho\, U^2}{b}$ — die folgende

$$0 = -\frac{\varrho\, U^2}{b}\, p_{x'}' + \mu\, \frac{U}{b^2}\, u_{y'y'}'$$

bzw. mit $\frac{\mu}{\varrho} = \nu$, wo ν die sog. kinematische Zähigkeit ist:

$$0 = -p_{x'}' + \frac{\nu}{U \cdot b}\, u_{y'y'}' = -p_{x'}' + \frac{1}{Re}\, u_{y'y'}',$$

mithin wegen $u'_{y'y'} = -2$:

$$0 = -p_{x'}' + \frac{-2}{Re} \quad \ldots\ldots\ldots \quad (23)$$

wo *Re* die bekannte Reynoldssche Zahl ist: $Re = \frac{U \cdot b}{\nu}$.

Damit haben wir auch den Wandschub τ_0 dimensionslos gemessen: Aus (18) und (22) folgt

$$\tau_0 = (-p_x)\, b = (-p_{x'}')\, \varrho\, U^2 \quad \ldots\ldots \quad (24)$$

was zeigt, daß $(-p'_{x'})$ gerade den Schub in Einheiten von $\varrho\, U^2$ dimensionslos mißt; da τ_0 der Widerstand pro Flächeneinheit, also hier im Falle der ebenen Bewegung pro Längeneinheit ist, so können wir $(-p'_{x'})$ füglich als Widerstandszahl bezeichnen, in Zeichen λ. Nach (23) wird dann

$$\lambda = \frac{2}{Re} \quad \ldots\ldots\ldots\ldots \quad (25)$$

i. W.: Die Widerstandszahl ist umgekehrt proportional zur Reynoldsschen Zahl. Berücksichtigt man beide Wände, so wird aus (25)

$$(2\,\lambda) = \frac{4}{Re} \quad \ldots\ldots\ldots \quad (25\text{a})$$

Beziehen wir alles statt auf U auf $\bar{u} = \frac{2}{3}\, U$, so wird aus (24)

$$\tau_0 = (-p_{x'}')\, \varrho\, \frac{9}{4}\, \bar{u}^2 = \left(-\frac{9}{4}\, p_{x'}'\right) \varrho\, \bar{u}^2$$

und mithin die neue Widerstandsziffer λ'

$$\lambda' = \frac{9}{4}\, \lambda.$$

Die Beziehung (25) stellt das Widerstandsgesetz für solche Kanalströmungen dar. Vgl. auch die Diagramme Bild 16 und 17.

5. Die Änderung der Bewegungsgröße.

13. Bleiben wir z. B. bei der Bewegungsgröße in der x-Richtung. Die Änderung dieser Bewegungsgröße in der Zeiteinheit bestimmt sich dann genau wie früher die Änderung des Volumens als der Überschuß der austretenden Bewegungsgröße über die eintretende, bzw. — wenn wieder die erstere mit dem positiven Zeichen, die letztere mit dem negativen bedacht wird — als jene Bewegungsgröße, die

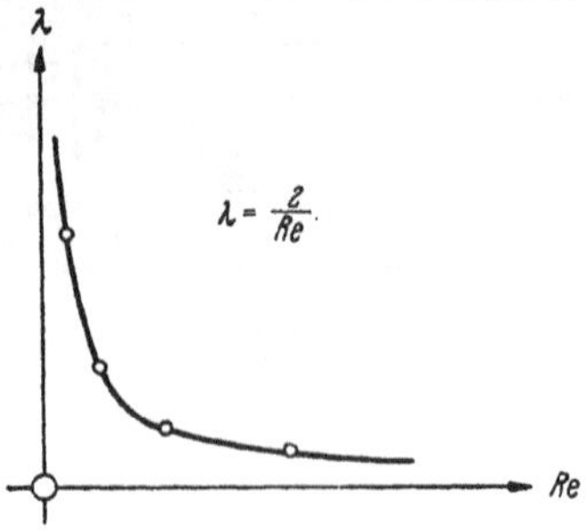

Bild 16. Das Widerstandsgesetz für die (ausgebildete) Kanalströmung: Die Kurve ist eine Hyperbel.

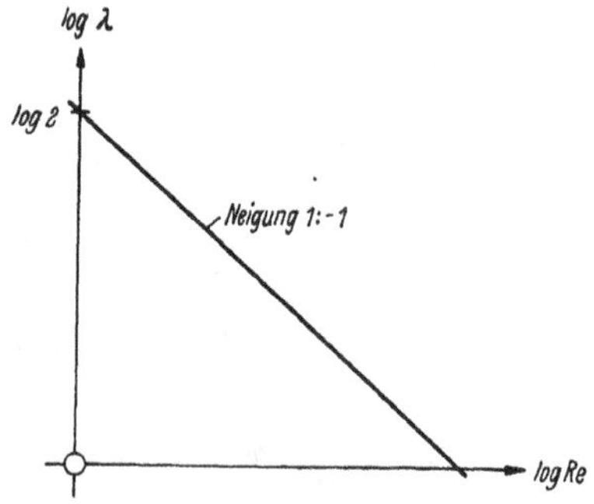

Bild 17. Dasselbe Widerstandsgesetz bei logarithmische Verstreckung der Achsen: Aus der Hyperbel von Bild 16 wird eine Gerade von der Neigung 1 : — 1.

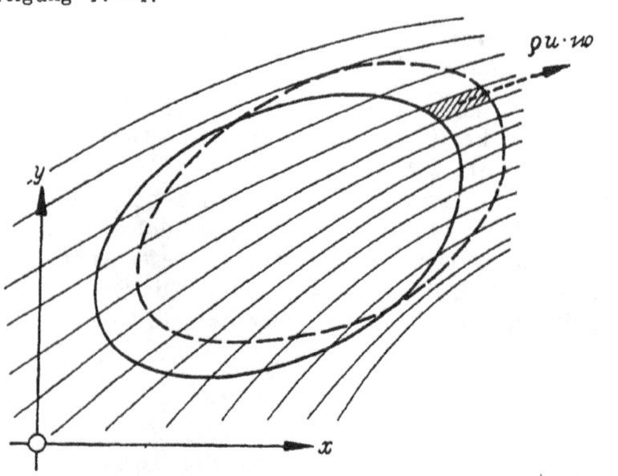

Bild 18. Zur Berechnung der Änderung der Bewegungsgröße (oder des Impulses) in der Zeiteinheit.

insgesamt austritt. Danach erhalten wir diese Änderung einfach dadurch, daß wir jedes der früher in Bild 5 schraffierten Volumenelemente mit der Dichte ϱ und der Geschwindigkeitskoo u multiplizieren, oder anders aufgefaßt, dadurch, daß wir die früheren Koo u, v durch die neuen Koo $\varrho\, u\, u$, $\varrho\, u\, v$ ersetzen, d. h. für $\mathfrak{w}$ jetzt $\varrho\, u\, \mathfrak{w}$ schreiben (Bild 18); m. a. W.: Die zu berechnende Änderung der Bewegungsgröße im gegebenen Felde $\{\mathfrak{w}\}$ kann aufgefaßt und erhalten werden als die entsprechende Änderung des Volumens im Felde $\{\varrho\, u \cdot \mathfrak{w}\}$; nach dem früheren beträgt diese Änderung aber pro Volumeinheit

$$\operatorname{div}(\varrho\, u \cdot \mathfrak{w}) = \frac{\partial}{\partial x}(\varrho\, u \cdot u) + \frac{\partial}{d\, y}(\varrho\, u \cdot v).$$

Hebt man hierin rechts das konstante ϱ heraus und differenziert die Produkte aus, so ergibt sich

$$\varrho \begin{bmatrix} u_x\, u & + u_y\, v \\ + u\; u_x & + u\; v_y \end{bmatrix}$$

und hier ist die 2. Zeile in der eckigen Klammer

$$u\,(u_x + v_y),$$

also gemäß der Kontinuitätsgl. (2) Null. Damit erhalten wir das Resultat:

$$\left\{\begin{array}{c}\text{Änderung der Bewegungsgröße} \\ \text{in der } x\text{-Richtung pro Zeit-} \\ \text{und Volumeneinheit}\end{array}\right\} = \varrho\,(u\, u_x + v\, u_y) \qquad (26\text{a})$$

und hieraus durch Ersetzung von u durch v in den Diff.-Quotienten die entsprechende Änderung in der y-Richtung

$$\left\{\begin{array}{c}\text{Änderung der Bewegungsgröße} \\ \text{in der } y\text{-Richtung pro Zeit-} \\ \text{und Volumeneinheit}\end{array}\right\} = \varrho\,(u\, v_x + v\, v_y). \quad (26\text{b})$$

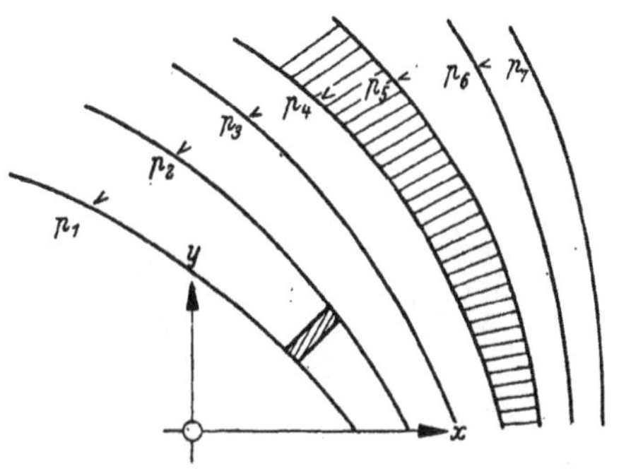

Bild 19. Die Niveauflächen des Druckes.

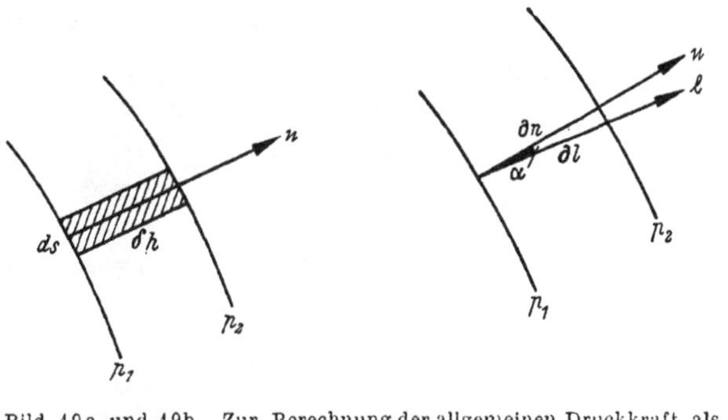

Bild 19a und 19b. Zur Berechnung der allgemeinen Druckkraft als Druckgefälle.

6. Die allgemeine Druckkraft als Druckgefälle.

17. Sehen wir vorläufig von der Flüssigkeitsreibung ab, behandeln also die Flüssigkeit als eine »ideale«, so unterliegt ein Flüssigkeitsteilchen — da äußere Kräfte wie die Schwerkraft nicht wirken sollen — lediglich den Druckkräften auf seiner Oberfläche, deren Resultante pro Volumeinheit gleich dem »Druckgefälle«, ist; dies folgt leicht aus dem bekannten Bild 19, das eine Anzahl äquidistanter Niveauflächen des Druckes (d. h. Flächen gleichen Druckes, auf denen der Reihe nach der Druck p immer um denselben Betrag δp springt) zeigt, von denen in Bild 19a zwei vergrößert herausgezeichnet sind, wobei die Normale $\mathfrak{n}$ in Richtung wachsender p-Werte zeigt: An dem dort schraffierten, rechteckförmigen Teilchen, das mit seiner Längsseite auf den Niveauflächen senkrecht steht, heben sich die Druckkräfte auf diese Längsseiten offenbar auf, während von den anderen Seiten eine Kraft resultiert, deren Angriffslinie in die Richtung der Normalen fällt und in bezug auf diese die Koo

$$(p_1 - p_2)\,ds = -\frac{\partial p}{\partial n}\,\delta h \cdot ds,$$

also pro Volumeinheit

$$-\frac{\partial p}{\partial n} \quad \dots\dots\dots\dots \quad (27)$$

besitzt, wo $\frac{\partial p}{\partial n}$ den Druckanstieg senkrecht zu den Niveauflächen angibt. Ersetzt man in der ganzen Überlegung die Richtung $\mathfrak{n}$ durch die andere $\mathfrak{l}$, so tritt an Stelle von $\frac{\partial p}{\partial n}$ gemäß Bild 19b $\frac{\partial p}{\partial l}$ mit $\partial l = \frac{\partial n}{\cos\alpha}$, d. h. also $\frac{\partial p}{\partial n}\cos\alpha$, und mithin die Kraft

$$-\frac{\partial p}{\partial n}\cos\alpha \quad \dots\dots\dots \quad (27\,\mathrm{a})$$

d. h. die Koo der ursprünglichen Kraft (27) in bezug auf die neue Richtung $\mathfrak{l}$; dies mußte auch herauskommen, wofern unsere Vorstellung, daß (27) tatsächlich eine auf das Teilchen wirkende Kraft ist, richtig war; umgekehrt gibt uns das Bestehen von (27a) das Recht, (27) d. h. also das Druckgefälle als eine Kraft anzusprechen.

15. Eine anschauliche Vorstellung erhalten wir auf folgende Weise: Rechnen wir in Bild 19 zum Zwischenraum (deren einer in Bild 19 schraffiert ist) zweier aufeinanderfolgender p-Flächen die Fläche mit dem kleineren p-Wert noch mit, die andere jedoch nicht, so gehört offenbar jeder Punkt des Feldes genau einem Zwischenraum an. Nehmen wir dann weiter an, daß das Sprung δp genügend klein ist derart, daß beim Durchgang durch jeden Zwischenraum der Druck linear wächst, so dürfen wir an jeder Stelle $\frac{\partial p}{\partial n}$ durch $\frac{\delta p}{\delta h}$ ersetzen, wo δh die Dicke des zugehörigen Zwischenraumes angibt; d. h.: an jeder Stelle ist die Druckkraft dadurch gegeben, daß sie den zugehörigen Zwischenraum senkrecht in Richtung fallender p-Werte durchsetzt und gleich $\frac{\delta p}{\delta h}$ ist. Da δp konstant ist, ist ihre Größe also proportional $\frac{1}{\delta h}$, d. h. umgekehrt proportional der Dicke δh des zugehörigen Zwischenraumes. An jeder Stelle nimmt also die Kraft in dem Maße zu, als die Zwischenräume schmäler werden, d. h. als die p-Flächen enger aneinanderrücken und umgekehrt. Und dieses Bild gilt um so genauer, je kleiner δp schon gewählt war.

Für die x- und y-Richtung erhalten wir speziell als Koo der Druckkraft bzw. des Druckgefälles die schon früher im Falle der Poiseuilleschen Kanalströmung festgestellten

$$-\frac{\partial p}{\partial x} = -p_x \quad \text{und} \quad -\frac{\partial p}{\partial y} = -p_y \quad \dots \quad (28)$$

7. Der Spezialfall der Eulerschen Bewegungsgleichungen.

16. Mit (28) haben wir für unsere ideale Flüssigkeit auch die rechte Seite von (9) in die Sprache unserer Koo übersetzt: durch Gleichsetzung der entsprechenden Koo in (9) erhalten wir mittels (26) und (28) die folgenden zwei weiteren Bestimmungsgleichungen

$$\left.\begin{aligned} \varrho\,(u\,u_x + v\,u_y) &= -p_x \\ \varrho\,(u\,v_x + v\,v_y) &= -p_y \end{aligned}\right\} \quad \dots\dots \quad (29)$$

welche als Eulersche Bewegungsgl. bekannt sind. Zusammen mit der Kontinuitätsgl. (2) bilden sie ein System von drei Gl. für die drei unbekannten Funktionen u, v, p; durch diese drei Gl. sowie die Forderung, daß u, v, p noch die hierher gehörenden Randbedingungen erfüllen müssen, sind dann u, v, p als eindeutig bestimmt anzusehen. Für eine feste Begrenzung bestehen diese Randbedingungen in der schon früher als für jede Flüssigkeitsbewegung notwendig erkannten Bedingung, daß dort die normale Geschwindigkeitskoo verschwindet, bzw. also daß dort die Strömung parallel zur Wand erfolgt (Bild 20). Da in diesen Eulerschen Bewegungsgl. der Einfluß der Flüssigkeitsreibung vernachlässigt ist, so wird diese Eulersche Theorie überall dort ein befriedigendes Bild von der wirklichen Strömung wiedergeben, wo die Reibung nahezu keine Rolle spielt. Dagegen kann sie selbstverständlich z. B. keine Antwort auf die Frage nach dem Widerstand geben, den eine längs angeströmte Platte infolge der Flüssigkeitsreibung erfährt. Diese Frage kann nur beantwortet werden, wenn wir die Flüssigkeitsreibung mit berücksichtigen. Dazu müssen wir den früheren Ansatz für die Zähigkeitskraft (12) auf eine beliebige Strömung ausdehnen (oder mathematisch gesprochen zu der zweiten Ableitung u_{yy} das zweidimensionale Analogon auffinden).

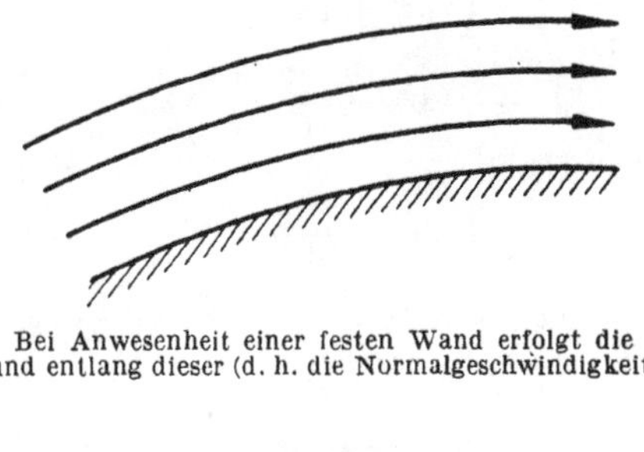

Bild 20. Bei Anwesenheit einer festen Wand erfolgt die Strömung parallel und entlang dieser (d. h. die Normalgeschwindigkeit ist Null).

8. Die allgemeine Zähigkeitskraft.

a) Deutung und Bedeutung des Laplaceschen Ausdrucks.

17. Zu dem allgemeinen Ansatz für die Zähigkeitskraft gelangen wir mittels einer Beziehung, die eine einfache Folgerung des (früher gebrachten) Gaußschen Integralsatzes (8) darstellt: Erinnern wir uns nämlich, daß darin u, v ganz beliebige Bedeutung haben können und fassen demgemäß z. B. u, v als die Koo eines Druckgefälles $-p_x$, $-p_y$ auf, so erhalten wir

$$\iint -p_{xx} - p_{yy})\, dx\, dy = \oint \{-p_x\, dy - (-p_y)\, dx\},$$

wo die geschweifte Klammer $\{\}$ das mit ds multiplizierte Druckgefälle senkrecht zur Berandung, also $\frac{-\partial p}{\partial n} ds$ mit ds als Bogenelement bedeutet. Heben wir noch beiderseits das Minuszeichen weg und setzen ferner wie üblich für $p_{xx} + p_{yy} = \frac{\partial^2 p}{\partial x^2} + \frac{\partial^2 p}{\partial y^2}$ abkürzend Δp wo Δp der Laplacesche Ausdruck von p und Δ selbst, d. h. $\frac{\partial^2}{\partial x^2} + \frac{\partial^2}{\partial y^2}$ der Laplacesche Operator ist, so erhalten wir die Beziehung

$$\iint \Delta p\, dx\, dy = \oint \frac{\partial p}{\partial n} ds \quad \ldots\ldots \quad (30)$$

deren Gültigkeit natürlich wieder nicht daran gebunden ist, daß p gerade einen Druck bedeutet.

18. Wenden wir die gewonnene Beziehung (30) speziell auf eine kleine Kreisfläche mit dem Mittelpunkt P_0 und dem Radius r an, so können wir schreiben (wenn wie immer durch Anhängen des Zeigers Null die Werte der betreffenden Größe in P_0 markiert werden):

Für die linke Seite: $[(\Delta p)_0 + \varepsilon]\, \pi r^2$, wo ε eine passende Zahl ist, die mit r gegen 0 geht; und

für die rechte Seite: wegen $ds = r\, d\varphi$ und $\frac{\partial}{\partial n} = \frac{\partial}{\partial r}$ sowie $r = \text{const}$

$$\oint \frac{\partial p}{\partial r} r\, d\varphi = r \oint \frac{\partial p}{\partial r} d\varphi = r \frac{\partial}{\partial r} \oint p\, d\varphi$$

$$= 2\pi r \frac{\partial}{\partial r} \tilde{p}(r) \text{ mit } \tilde{p}(r) = \frac{\oint p\, d\varphi}{2\pi} = \frac{\oint p\, ds}{2\pi r},$$

wo also $\tilde{p}(r)$ den Mittelwert von p auf der Kreisperipherie mit dem Radius r bezeichnet; speziell ist dann $p(0) = p_0$. Damit erhalten wir aus (30)

$$[(\Delta p)_0 + \varepsilon]\, \pi r^2 = 2\pi r \frac{\partial}{\partial r} \tilde{p}(r) \quad \ldots \quad (31\text{a})$$

bzw.

$$[(\Delta p)_0 + \varepsilon] \frac{r}{2} = \frac{\partial}{\partial r} \tilde{p}(r) \quad \ldots\ldots \quad (31\text{b})$$

und können daraus schließen:

a) Indem wir r nach 0 gehen lassen: $0 = \left[\frac{\partial}{\partial r} \tilde{p}(r)\right]_0$

b) und hieraus und aus (31b) nach Division durch r und abermaligem Grenzübergang $r \to 0$:

$$\frac{1}{2} (\Delta p)_0 = \left[\frac{\partial^2}{\partial r^2} \tilde{p}(r)\right]_0.$$

Mithin fängt die Taylorentwicklung für $\tilde{p}(r)$ nach Potenzen von r:

$$\tilde{p}(r) = \tilde{p}(0) + \left[\frac{\partial \tilde{p}(r)}{\partial r}\right]_0 \frac{r}{1!} + \left[\frac{\partial^2 \tilde{p}(r)}{\partial r^2}\right]_0 \frac{r^2}{2!} + \ldots$$

wie folgt an

$$\tilde{p}(r) = p_0 \quad + \quad 0 \quad \cdot \frac{r}{1!} + \frac{1}{2} (\Delta p)_0 \cdot \frac{r^2}{2!} + \ldots,$$

woraus sich ergibt

$$\tilde{p}(r) - p_0 = \frac{1}{2} (\Delta p)_0 \cdot \frac{r^2}{2!} + \ldots{}^{1)} \quad \ldots\ldots\ldots \quad (32)$$

¹) Geometrisch ausgedrückt sagt Gl. (32), daß $\frac{1}{2}(\Delta p)_0$ die Krümmung der $\tilde{p}(r)$-Kurve im Punkte $r = 0$ ist.

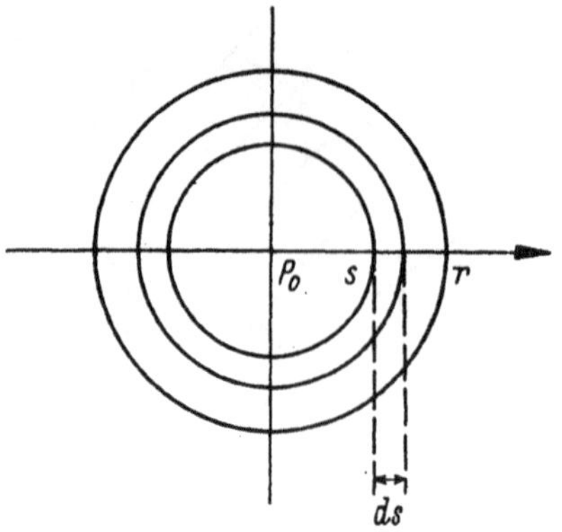

Bild 21. Zur anschaulichen Deutung des Laplaceschen Ausdruckes.

Ist $\Delta p \equiv 0$ in der ganzen Kreisscheibe, so haben wir an Stelle von (31b) die vereinfachte Beziehung

$$0 \equiv 2\pi r \frac{\partial}{\partial r} \tilde{p}(r) \quad \ldots\ldots\ldots \quad (33)$$

die gleichbedeutend ist mit

$$\frac{\partial \tilde{p}(r)}{\partial r} = 0, \text{ d. h. } \tilde{p}(r) = \text{const}, \text{ d. h. } \tilde{p}(r) = \tilde{p}(0) = p_0 \quad (34\text{a})$$

oder auch mit

$$\tilde{p}(r) - p_0 \equiv 0 \quad (\text{falls } \Delta p \equiv 0) \quad \ldots \quad (34\text{b})$$

so daß also in diesem Falle der Mittelwert auf jeder konzentrischen Kreislinie stets gleich dem Wert p_0 im Mittelpunkt ist und in der Reihenentwicklung in (32) rechts alle Glieder verschwinden. Auf Grund beider Tatsachen (32) und (34b) können wir also sagen: $(\Delta p)_0$, d. h. der Laplacesche Ausdruck Δp im Punkte P_0 »mißt«, wie stark der Mittelwert $\tilde{p}(r)$ (genommen über eine Kreislinie um P_0 mit dem Radius r) seinen Wert p_0 in P_0 selbst übertrifft.

Nur flüchtig erwähnen wir noch die folgende, ganz ähnliche aber andere Deutung von $(\Delta p)_0$. Ersetzt man in (32) r durch das variable s, multipliziert beiderseits mit $s\, ds$ und integriert von 0 bis r, so erhält man (Bild 21) für den Mittelwert $\hat{p}(r)$ über die Kreis*fläche* eine analoge Entwicklung, die so anfängt:

$$\hat{p}(r) - p_0 = \frac{1}{4} (\Delta p)_0 \frac{r^2}{2!} + \ldots$$

und deren rechte Seite für den Fall, daß $\Delta p \equiv 0$ ist, wieder identisch verschwindet

$$\hat{p}(r) - p_0 \equiv 0 \quad (\text{falls } \Delta p \equiv 0),$$

so daß man also ebenso gut $(\Delta p)_0$ auch als Maß für die Abweichung $\hat{p}(r) - p_0$ ansehen kann.

Der Überschuß des Mittelwertes einer skalaren Größe p auf einem kleinen Kreis um einen Punkt P_0 gegenüber ihrem Werte in diesem Punkt selbst ist es nun, der bei vielen physikalischen Problemen auftritt, was den Grund dafür abgibt, daß in so vielen wichtigen partiellen Diff.-Gl. der Physik und Mechanik der Laplacesche Operator Δ vorkommt. Besonders wichtig ist der Spezialfall, in welchem jener Überschuß, d. h. also Δp durchweg $\equiv 0$ ist. Für die Funktion p bedeutet dies, daß ihre Werte in der Ebene besonders gesetzmäßig gelagert sind, aus welchem Grunde eine solche Funktion dann als harmonisch bezeichnet wird.

b) Die Zähigkeitskräfte als das Ergebnis von Geschwindigkeitsunterschieden.

19. Nunmehr sind wir in der Lage, den früheren Ansatz für die Zähigkeitskraft (12) im Falle der Poiseuilleschen Kanalströmung

$$\{\text{Zähigkeitskraft pro Volumeinheit}\} = \mu\, u_{yy}$$

auf eine beliebige Flüssigkeitsströmung auszudehnen. Dies geschieht dadurch, daß wir hierin der rechten Seite eine Deutung geben, die unabhängig von der speziell zugrunde gelegten Kanalströmung ist. Dazu wenden wir die oben aufgestellte Formel (32) auf u, das ja hier nur von y jedoch

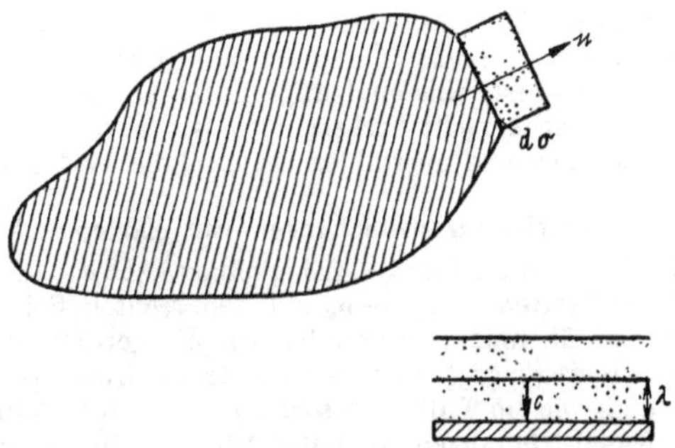

Bild 22. Der innere Mechanismus der Reibung: Die Spannung kommt durch den molekularen Austausch von makroskopischer Bewegungsgröße zustande.

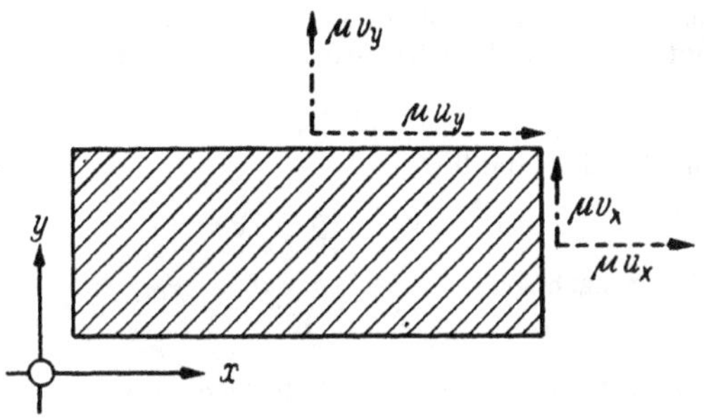

Bild 23. Die Spannungen an einem achsenparallelen rechteckigen Teilchen.

nicht von x abhängt, an, und erhalten wegen $u_{xx} = 0$ also $\Delta u = u_{yy}$:

$$\tilde{u}(r) - u_0 = \frac{1}{2} (\Delta u)_0 \frac{r^2}{2!} + \dots = \frac{1}{2} (u_{yy})_0 \frac{r^2}{2!} + \dots \quad (35)$$

Die frühere Aussage, daß die Zähigkeitskraft zustande kommt durch die Geschwindigkeitsunterschiede in der Umgebung der betreffenden Stelle, können wir jetzt auf Grund von (35) in der folgenden Weise auf jede Strömung ausdenen und gleichzeitig präzisieren: Maßgebend für die Geschwindigkeitsunterschiede ist der Überschuß des Mittelwertes $\tilde{u}(r)$ über u_0, d. h. also gemäß (35) und dem früher Gesagten $(\Delta u)_0$, oder wenn P_0 wieder variabel gedacht ist, Δu; die zugehörige Zähigkeitskraft selbst ist dann pro Volumeinheit $\mu \Delta u$, analog in der y-Richtung $\mu \Delta v$. Also:

$$\left\{\begin{matrix}\text{Zähigkeitskraft}\\ \text{pro Volumeneinheit}\end{matrix}\right\} = (\mu \Delta u, \mu \Delta v) = \mu (\Delta u, \Delta v) = \mu \Delta \mathfrak{w} \quad . \; . \; . \; (37)$$

c) Die Zähigkeitskrafte als das Ergebnis eines unsymmetrischen Spannungsfeldes.

20. Wir wollen uns nach dem Vorbild von Maxwell und Boltzmann das gewonnene Resultat noch vom Molekularen her verständlich machen, und auf diese Weise die Zähigkeitskrafte auf eine zweite Art berechnen. Hierbei werden wir nicht nur zu einer vertieften Auffassung der Zähigkeit μ und des früheren Ansatzes von Newton gelangen, sondern gleichzeitig auch diesen Ansatz auf eine beliebige Strömung ausgedehnt erhalten, d. h. auch fur diesen Fall die Zahigkeitskraft (z. B. $\mu \Delta u$ in der x-Richtung) als das Ergebnis von Spannungen an der Oberflache kennenlernen. Wie immer, fuhren wir die Überlegungen nur fur die x-Richtung durch.

Längs des Flächenelementes $d\sigma$ in Bild 22 wirkt die äußere Flüssigkeit auf die schraffierte innere Flüssigkeit in folgender Weise ein: Es wird einen gewissen $d\sigma$ benachbarten und in Bild 22 punktierten Bereich geben, aus dem infolge der Wärmebewegung (Brownschen Molekularbewegung) gerade noch Flüssigkeitsmoleküle »frei« durch das Flächenelement eintreten können; ist dann z. B. außen die Geschwindigkeitskoo u größer als innen, d. h. also $\frac{\partial u}{\partial n} > 0$, so wird — da im Mittel gleichviel Moleküle ein- wie austreten — insgesamt mehr Bewegungsgröße hinein- wie hinaustransportiert bzw. also ein gewisser Überschuß an Bewegungsgröße nach innen getragen, m. a. W.: die Wechselwirkung der längs $d\sigma$ einander grenzenden Flüssigkeiten bedingt eine gewisse sekundliche Änderung der Bewegungsgröße der schraffierten Masse. Gemäß dem oben ausgesprochenen Newtonschen Grundgesetz (9) können wir aber dann diese sekundliche Änderung als das Ergebnis einer ihr gleichgroßen Kraft auf $d\sigma$, d. h. einer Spannung auffassen. Indem wir jetzt nur größenordnungsmäßig rechnen und dies durch das Zeichen $\sim$ andeuten, erhalten wir, wenn c und λ mittlere Werte für die molekulare Geschwindigkeit bzw. molekulare Weglänge bedeuten, für die sekundlich eintretende kleine Masse dm

$$dm \sim \varrho \cdot c \cdot d\sigma$$

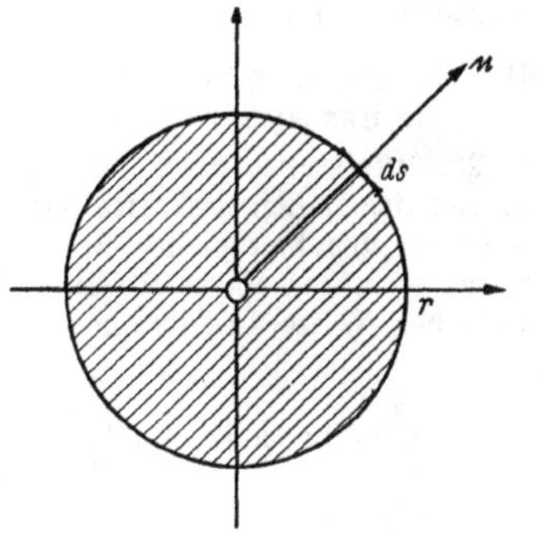

Bild 24. Berechnung der Zähigkeitskraft aus den Spannungen für ein kreisförmiges Teilchen.

und damit für den Überschuß an sekundlich hereintransportierter Bewegungsgröße, d. h. für die Kraft auf $d\sigma$

$$\partial u \, dm \sim \varrho c \, d\sigma \, \partial n = \varrho c \, \partial n \frac{\partial u}{\partial n} d\sigma$$

oder wenn wir für ∂n:

$$\partial n \sim \lambda$$

setzen

$$\text{Kraft auf } d\sigma \sim \varrho c \lambda \frac{\partial u}{\partial n} d\sigma,$$

d. h. für die zugehörige Spannung:

$$\text{Spannung auf } d\sigma \sim \varrho c \lambda \frac{\partial u}{\partial n} \quad . \; . \; . \; . \; . \; . \; . \; (37)$$

Wenden wir dieses Resultat speziell auf die früheren Strömungen in Bild 9 und 10 an, ersetzen also $\frac{\partial}{\partial n}$ durch $\frac{\partial}{\partial y}$ $\left(= \frac{d}{dy}\right)$, so erhalten wir

$$\text{Spannung} \sim \varrho c \lambda \frac{\partial u}{\partial y} = \varrho c \lambda u_y,$$

d. h. den früher gebrachten Ansatz (10) bzw. (11) von Newton. Für die Zähigkeit μ erhalten wir daraus eine Beziehung

$$\mu \sim \varrho c \lambda \quad \text{oder} \quad \mu = z \varrho c \lambda,$$

wo z eine reine Zahl ist, die durch die Natur der Flüssigkeit bedingt und daher für alle unsere Größenordnungsbeziehungen dieselbe bleibt, so daß also jetzt z. B. (37) auch so geschrieben werden kann:

$$\text{Spannung} = z \varrho c \lambda \frac{\partial u}{\partial n} = \mu \frac{\partial u}{\partial n} \quad . \; . \; . \; . \; . \; (38)$$

Wir erwahnen noch, daß diese Zahl z für Gase (im Gegensatz zu den eigentlichen Flüssigkeiten) exakt bestimmt worden ist.

21. Allgemein erhalten wir nach (38) für eine beliebige Strömung als Spannungen an einem achsenparallelen rechteckförmigen Teilchen die in Bild 23 angeschriebenen. In der x-Richtung ergeben diese Spannungen nach Bild 23 die Kraft

$$\mu (u_{xx} + u_{yy}) \, dx \, dy$$

also pro Volumeinheit in der Tat wieder die früher erhaltene Zähigkeitskraft $\mu \Delta u$.

Statt eines rechteckförmigen Teilchens können wir natürlich ebensogut ein kreisförmiges (Bild 24) (oder auch ein ganz beliebiges) wahlen: Wir erhalten dann die Zähigkeitskraft auf einem Wege, der entgegengesetzt jenem ist, auf welchem wir erstmalig diese Kraft bestimmt haben. Hier beträgt die Spannung in der x-Richtung an einem Element ds

$$\tau = \mu \frac{\partial u}{\partial n}$$

mithin ihre Resultante

$$\oint \tau\, ds = \mu \oint \frac{\partial u}{\partial n}\, ds,$$

die weiter nach dem Gaußschen Satze

$$= \mu \iint \Delta u\, dx\, dy,$$

d. h. da das Teilchen sehr klein gedacht ist

$$= \mu\, \Delta u \cdot \pi r^2$$

wird; pro Volumeneinheit ergibt sich also wieder die Zähigkeitskraft $\mu\, \Delta\, u$.

d) Dieselben Zähigkeitskräfte als das Ergebnis eines symmetrischen Spannungsfeldes.

22. Wir stellen noch den Anschluß an die übliche Ableitung der Zähigkeitskräfte aus den Spannungen her, und bedienen uns hierbei der Sprache der Matrizen. Dieselbe gestattet, unser obiges Resultat (Bild 23) in der folgenden einfachen Weise zu schreiben

$$(\mu \Delta u,\ \mu \Delta v) = \mu \left(\frac{\partial}{\partial x}, \frac{\partial}{\partial y}\right) \begin{pmatrix} \frac{\partial u}{\partial x} & \frac{\partial v}{\partial x} \\ \frac{\partial u}{\partial y} & \frac{\partial v}{\partial y} \end{pmatrix} \quad . \ . \ (39)$$

Nun ist aber wegen der Kontinuitätsgl. offenbar

$$0 = \mu \left(\frac{\partial}{\partial x}, \frac{\partial}{\partial y}\right) \begin{pmatrix} \frac{\partial u}{\partial x} & \frac{\partial u}{\partial y} \\ \frac{\partial v}{\partial x} & \frac{d v}{\partial y} \end{pmatrix} \quad . \ . \ (40)$$

so daß man (39) auch so schreiben kann

$$\mu(\Delta u, \Delta v) = \mu \left(\frac{\partial}{\partial x}, \frac{\partial}{\partial y}\right) \begin{pmatrix} \frac{\partial u}{\partial x} + \frac{\partial u}{\partial x} & \frac{\partial v}{\partial x} + \frac{\partial u}{\partial y} \\ \frac{\partial u}{\partial y} + \frac{\partial v}{\partial x} & \frac{\partial v}{\partial y} + \frac{\partial v}{\partial y} \end{pmatrix}$$

$$= 2\mu \left(\frac{\partial}{\partial x}, \frac{\partial}{\partial y}\right) \begin{pmatrix} \frac{\partial u}{\partial x} & \frac{1}{2}\left\{\frac{\partial v}{\partial x} + \frac{\partial u}{\partial y}\right\} \\ \frac{1}{2}\left\{\frac{\partial u}{\partial y} + \frac{\partial v}{\partial x}\right\} & \frac{\partial v}{\partial y} \end{pmatrix} \quad . \ . \ . \ (41)$$

wo nun die letzte Matrix rechts symmetrisch ist, und als Deformationsmatrix bezeichnet wird. Danach ergeben sich also dieselben Zähigkeitskräfte $\mu\, \Delta\, u$, $\mu\, \Delta\, v$, wenn man das Spannungsbild, Bild 23, durch das symmetrische Spannungsbild, Bild 25, ersetzt. Während also die Bilder der Spannungen völlig voneinander verschieden sind, nämlich einmal unsymmetrisch, das andere Mal symmetrisch, führen doch beide zu denselben Zähigkeitskräften $\mu\, \Delta\, u$, $\mu\, \Delta\, v$. Indessen ist das ursprüngliche Bild in Bild 23 nicht nur rein äußerlich einfacher, sondern es setzt auch von vornherein in Evidenz, daß z. B. für die Zähigkeitskraft $\mu\, \Delta\, u$ in der x-Richtung nur die Geschwindigkeitskoo u in dieser Richtung bzw. der Impuls in dieser Richtung maßgebend ist, wie es unserer molekularen Vorstellung vom Zustandekommen der Spannungen auf Grund des Newtonschen Gesetzes (9) entspricht.

e) Bemerkung zu den verschiedenen Auffassungen von c) und d).

23. Allgemein geht aus dem obigen hervor, daß man in jedem Falle einem Spannungsfeld, ohne die aus ihm entstehenden Volumkräfte zu ändern, irgendein anderes solches Spannungsfeld überlagern darf, dessen Volumkräfte identisch verschwinden, das also das betreffende Medium makroskopisch nicht bewegt. Welches von den so möglichen Spannungsfeldern man auswählen wird, hängt davon ab, welche Vorstellung man sich im kleinen von diesen Spannungen macht, d. h. also in unserem Falle von der Vorstellung, welche wir von dem mikroskopischen Mechanismus der Flüssigkeit haben. Solange hierüber nichts näheres bekannt bzw. (wie es hier der Fall ist) eine eindeutige Entscheidung durch das Experiment noch nicht herbeigeführt ist, wird man immer jenes Spannungsbild auswählen, welches das einfachste ist.

9. Die Bestimmungsgleichungen von Navier-Stokes.

24. Fügen wir jetzt die Zähigkeitskräfte $\mu\, \Delta\, u$, $\mu\, \Delta\, v$ den Druckkräften $-p_x$, $-p_y$ auf den rechten Seiten der Eulerschen Gl. hinzu, so erhalten wir die gewünschten ergänzten Bewegungsgl. von Navier-Stokes. Diese gestatten es, ähnlich wie im Falle der schon behandelten Poiseuilleschen Kanalströmungen, an festen Wänden die Haftbedingung $u = 0$, $v = 0$ zu erfüllen. Indem wir die Bewegungsgl. noch durch das konstante ϱ dividieren und ν für $\frac{\mu}{\varrho}$ schreiben — wo ν die sog. kinematische Zähigkeit ist — erhalten wir zusammen mit der Kontinuitätsgl. die drei folgenden Bestimmungsgleichungen

$$\left.\begin{aligned} u\, u_x + v\, u_y &= \frac{-p_x}{\varrho} + \nu\, \{u_{xx} + u_{yy}\} = \frac{-p_x}{\varrho} + \nu \Delta u \\ u\, v_x + v\, v_y &= \frac{-p_y}{\varrho} + \nu\, \{v_{xx} + v_{yy}\} = \frac{-p_y}{\varrho} + \nu \Delta v \\ u_x + v_y &= 0 \quad \text{bzw.} \quad u = \Psi_y \\ & \qquad\qquad\qquad\;\; v = -\Psi_x \end{aligned}\right\} \ . \ . \ (42)$$

Aus diesen drei Gl. und aus der Forderung, daß die drei Unbekannten u, v, p den hierhergehörigen Randbedingungen genügen müssen, sind dann u, v, p als eindeutig bestimmt anzusehen. Als wichtigste Randbedingung nennen wir nochmals: Das Haften an festen Wänden (bedingt durch die Zähigkeit). — Eine spezielle Lösung dieser Gl. ist die schon früher bestimmte Poiseuillesche Kanalströmung.

Ähnlich wie wir damals die Poiseuillesche Kanalströmung auf dimensionslose Größen umgeschrieben haben, so wollen wir auch jetzt die allgemeinen Navier-Stokeschen Gl. in solchen dimensionslosen Größen ausdrücken. Zu diesem Zwecke holen wir etwas weiter aus und schildern den Weg, der zu diesem Ziele führt, ganz allgemein.

B. Dimensionslose Veränderliche und mechanische Ähnlichkeit.

10. Durch Abänderung der Maßstäbe erleiden die Maßzahlen jedes Größensystems (wie Längen, Geschwindigkeiten, Kräfte...) eine spezielle affine Dehnung.

25. Bezeichnen wir in diesem Abschnitt Strecken, Zeiten und Kräfte generell durch griechische Buchstaben λ, τ, $\varkappa$, speziell die entsprechenden Einheiten oder Maßstäbe durch λ_0, τ_0, $\varkappa_0$, die zugehörigen Maßzahlen jedoch wie bisher mit lateinischen Buchstaben l, t, k, so bedeutet z. B. die Tatsache, daß die Strecke λ die Länge l hat, einfach dieses: Trägt man auf der Strecke λ von vorne beginnend, die Einheitsstrecke λ_0 l-mal hintereinander ab, so wird λ gerade »ausgeschöpft«:

$$\lambda = l \cdot \lambda_0 \quad . \ . \ . \ . \ . \ . \ . \ . \ . \ . \ (43)$$

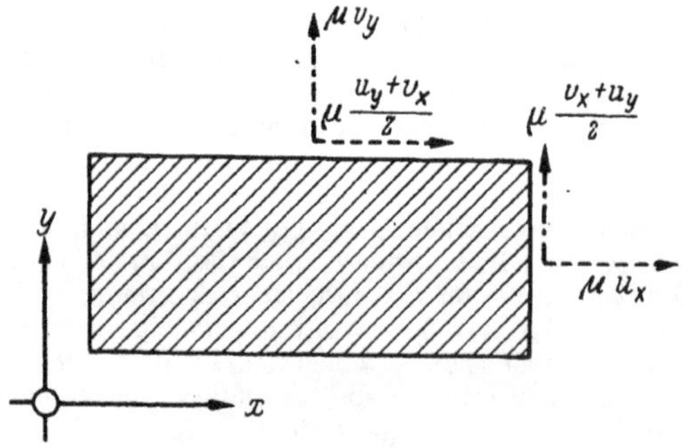

Bild 25. Das symmetrische Spannungsbild dieses Bildes ergibt dieselbe Zähigkeitskraft wie das frühere unsymmetrische Spannungsbild des Bildes 23.

Für Zeit- und Kraftmessungen gelten zu (43) analoge Gl.

$$\left.\begin{aligned}\tau &= t \cdot \tau_0 \\ \varkappa &= k \cdot \varkappa_0\end{aligned}\right\} \quad \ldots\ldots\ldots \quad (43\,a)$$

Man sieht: Die Maßzahlen l, t, k sind reine Verhältniszahlen. Ändern wir die Maßstäbe, indem wir als Einheiten die neuen Größen $\frac{\lambda_0}{L}$, $\frac{\tau_0}{T}$, $\frac{\varkappa_0}{K}$ wählen, wo L, T, K drei beliebige positive Zahlen sind, so ändern sich auch diese Maßzahlen, und zwar im umgekehrten Verhältnis:

$$\left.\begin{aligned}\lambda &= l \cdot \lambda_0 = l \cdot L \cdot \frac{\lambda_0}{L} \\ \tau &= t \cdot \tau_0 = t \cdot T \cdot \frac{\tau_0}{T} \\ \varkappa &= k \cdot \varkappa_0 = k \cdot K \cdot \frac{\varkappa_0}{K}\end{aligned}\right\} \quad \ldots\ldots \quad (44)$$

Damit ist dann auch der »Dehnungsfaktor« für jede andere abgeleitete Größe bestimmt, d. h. einer Größe, die sich aus den Messungen einer Länge, einer Zeit und einer Kraft ergibt. So bekommt z. B. eine Beschleunigung statt der bisherigen Maßzahl

$$\frac{l}{t^2} = l\,t^{-2}$$

die neue

$$\frac{l \cdot L}{(t \cdot T)^2} = l\,t^{-2} \cdot (L\,T^{-2})$$

..., und allgemein eine Größe mit der Maßzahl

$$l^\alpha\, t^\beta\, k^\gamma \quad \ldots\ldots\ldots\ldots \quad (45)$$

die neue

$$l^\alpha\, t^\beta\, k^\gamma\, (L^\alpha\, T^\beta\, K^\gamma) \quad \ldots\ldots\ldots \quad (46)$$

wo α, β, γ die »Dimensionen« der betreffenden Größe in bezug auf die Länge, Zeit und Kraft angeben.

11. Dimensionslose Maßzahlen.

26. Diese Eigenschaft der Maßzahlen, sich bei Zugrundelegung der neuen Einheiten $\frac{\lambda_0}{L}$, $\frac{\tau_0}{T}$, $\frac{\varkappa_0}{K}$ zu ändern, ist nun äußerst unerwünscht, und es taucht die Frage auf, ob man sich nicht von ihr befreien kann. Dies ist nun leicht möglich, wenn man bedenkt, daß zwei Maßzahlen gleicher Dimension sich mit demselben Faktor multiplizieren, ihr Verhältnis also konstant bleibt: Betrachten wir also neben einer Größe mit der Maßzahl $l^\alpha\, t^\beta\, k^\gamma$ noch eine zweite in unserem »System« (S) vorkommende Größe gleicher Dimension mit der Maßzahl $\bar{l}^\alpha\, \bar{t}^\beta\, \bar{k}^\gamma$, so ändert sich ihr Verhältnis

$$\frac{l^\alpha\, t^\beta\, k^\gamma}{\bar{l}^\alpha\, \bar{t}^\beta\, \bar{k}^\gamma} = \left(\frac{l}{\bar{l}}\right)^\alpha \left(\frac{t}{\bar{t}}\right)^\beta \left(\frac{k}{\bar{k}}\right)^\gamma \quad \ldots\ldots \quad (47)$$

bei Einführung der neuen Maßstäbe nicht, ist also eine sog. »dimensionslose« Zahl. Indem wir also alle Längen, Zeiten und Kräfte auf die spezielle Länge $\bar{l}$, Zeit $\bar{t}$ und Kraft $\bar{k}$ in unserem System beziehen

$$\frac{l}{\bar{l}} = l', \quad \frac{t}{\bar{t}} = t', \quad \frac{k}{\bar{k}} = k' \quad \ldots\ldots \quad (48)$$

oder

$$l = l'\,\bar{l}, \quad t = t'\,\bar{t}, \quad k = k'\,\bar{k} \quad \ldots\ldots \quad (48\,a)$$

gelangen wir zu dimensionslosen (oder relativen) Maßzahlen l', t', k' für die Längen, Zeiten und Kräfte, und damit auch für jede aus ihnen abgeleitete Maßzahl von den Dimensionen α, β, γ:

$$l^\alpha\, t^\beta\, k^\gamma = l'^\alpha\, t'^\beta\, k'^\gamma \cdot \bar{l}^\alpha\, \bar{t}^\beta\, \bar{k}^\gamma \quad \ldots\ldots \quad (48\,b)$$

Umgekehrt gelangt man von diesen dimensionslosen Maßzahlen l', t', k' und allgemein l'^α, t'^β, k'^γ zu den ursprünglichen dimensionsbehafteten l, t, k und allgemein $l^\alpha\, t^\beta\, k^\gamma$ zurück, sobald man noch die »Bezugsstücke« $\bar{l}$, $\bar{t}$, $\bar{k}$ hat.

12. Geometrische, kinematische und mechanische Ähnlichkeit zweier Systeme.

27. Denken wir uns jetzt mittels der dimensionslosen Zahlen und unter Benutzung der anfangs festgelegten Einheiten λ_0, τ_0, $\varkappa_0$ ein zu unserem System (S) »analoges« System (S') »konstruiert«, welches als ein zu (S) gehöriges dimensionsloses System bezeichnet sei, so ist der Zusammenhang zwischen beiden Systemen offenbar der folgende: (S) entsteht aus (S') durch Dehnung aller Längen, Zeiten und Kräfte im Verhältnis $\frac{\bar{l}}{1}$, $\frac{\bar{t}}{1}$, $\frac{\bar{k}}{1}$, und umgekehrt (S') aus (S) durch entsprechende Dehnung in den umgekehrten Verhältnissen $\frac{1}{\bar{l}}$, $\frac{1}{\bar{t}}$, $\frac{1}{\bar{k}}$. — Kommen in dem System (S) speziell nur Längenmessungen vor, d. h. handelt es sich um ein rein geometrisches System, so spezialisiert sich der vorherige Zusammenhang offenbar dahin, daß (S) und (S') zueinander ähnlich, genauer geometrisch ähnlich sind. In Analogie hierzu nennt man nun die Systeme zueinander »kinematisch ähnlich«, falls noch eine Zeitmessung mit hineinspielt, und schließlich »mechanisch ähnlich«, wenn außerdem noch Kräfte mitwirken. Jede der drei Ähnlichkeiten, die geometrische, die kinematische und die mechanische schließt also die vorhergehende in sich und wir können allgemein sagen:

Ein System ist einem anderen mechanisch ähnlich, wenn es sich mittels einer Dehnung seiner Längen, Zeiten und Kräfte als mit diesem identisch erweisen läßt.

Diese Beziehung ist also offenbar wechselseitig und außerdem gilt: Sind zwei Systeme einem dritten mechanisch ähnlich, so sind sie es auch untereinander. Daraus folgt also: Ist (S^*) ein anderes System, das ebenfalls zu (S') mechanisch ähnlich ist, so ist auch (S^*) zu (S) mechanisch ähnlich und es geht (S^*) aus (S) vermöge der Dehnungen

$$L = \frac{\bar{l}^*}{\bar{l}}, \quad T = \frac{\bar{t}^*}{\bar{t}}, \quad K = \frac{\bar{k}^*}{\bar{k}}$$

hervor.

Hat man umgekehrt zwei mechanisch ähnliche Systeme (S), (S^*) und ist (S') ein zu (S) gehöriges dimensionsloses System, so ist (S) zu (S') und damit auch (S^*) zu (S') mechanisch ähnlich, d. h. (S) und (S^*) lassen sich auf dasselbe dimensionslose System (S') beziehen, erweisen sich also nach Einführung der entsprechenden relativen Maßzahlen als miteinander identisch. — Das heißt: Die Möglichkeit, zwei Systeme (S), (S^*) durch Einführung dimensionsloser Maßzahlen miteinander »zur Deckung« zu bringen, d. h. auf dasselbe dimensionslose System (S') zurückzuführen, ist völlig gleichbedeutend mit der Möglichkeit, sie als zueinander mechanisch ähnlich zu erkennen.

13. Die Wichtigkeit der dimensionslosen Darstellung und die Rolle der Grundgrößen.

28. Hiernach hat man also zwei zueinander mechanisch ähnliche Systeme als nicht wesentlich voneinander verschieden anzusehen, erweisen sie sich doch nach Einführen (entsprechender) dimensionsloser Maßzahlen als miteinander identisch. Dies zeigt den großen Vorzug der dimensionslosen Schreibweise, indem in sie jene rein äußerlichen Unterschiede, wie sie zwischen mechanisch ähnlichen Systemen bestehen, gar nicht mehr eingehen. Man wird daher auch erst nach Einführung dieser dimensionslosen Zahlen von einer befriedigenden Umsetzung eines Problems in die Zahlensprache reden können. Der Vorzug der dimensionslosen Schreibweise reicht jedoch viel weiter, und erlaubt z. B. in vielen Fällen von vornherein das Gesetz (bis auf einige noch zu bestimmende Zahlfaktoren), dem gewisse Größen gehorchen müssen, anzugeben. Indessen können wir hierauf nicht näher eingehen (vgl. jedoch das Beispiel unter 29.) und erwähnen nur noch, daß wir speziell an unseren Flüssigkeitsströmungen den Vorzug dieser Schreibweise, die gerade in der Hydrodynamik von der größten Wichtigkeit ist, noch näher kennenlernen werden.

Natürlich können wir in unserer ganzen bisherigen Überlegung statt der drei »Grundgrößen« Länge, Zeit und Kraft auch irgend drei andere daraus abgeleitete Größen nehmen, und diese die Rolle der Grundgrößen spielen lassen, sofern man nur aus diesen neuen Größen die ursprünglichen wieder ableiten kann.

14. Zwei Beispiele.

a) Die Schwingungen verschiedener Pendel (kleine Ausschläge vorausgesetzt) sind zueinander mechanisch ähnlich.

29. Oft kann man durch Kombination dieser Gedankengänge das Gesetz erschließen, durch das ein Vorgang beherrscht wird. Als Beispiel betrachten wir die Schwingungen eines Pendels unter dem Einfluß der Schwerkraft (Bild 26). Die beteiligten Größen sind hier:

1) Die Pendellänge l,
2) die punktförmige Masse m,
3) die Erdbeschleunigung g.

Gesucht ist die Schwingungszeit T. Eine Zeit steht uns nun zur Verfügung in $\frac{l}{g} \sim t^2$ d. h. in $\sqrt{\frac{l}{g}}$.
Wir schreiben also

$$T = \tau \sqrt{\frac{l}{g}},$$

wo τ nun die Zeit dimensionslos mißt; die Masse spielt hier wie man sieht nicht herein. Beschränken wir uns nun auf kleine Schwingungen, so lautet mit den Bezeichnungen des Bildes 26 die Diff.-Gl. der Bewegung

$$l \frac{d^2 \alpha}{d t^2} = - g \alpha,$$

also wenn wir als Zeiteinheit $\sqrt{\frac{l}{g}}$ nehmen: $t' = \frac{t}{\sqrt{\frac{l}{g}}}$:

$$\frac{d^2 \alpha}{d t'^2} = - \alpha;$$

d. h. aber: Alle diese Vorgänge sind zueinander mechanisch ähnlich, da sie durch dieselbe Diff.-Gl. in dimensionslosen Variablen beschrieben werden. Hieraus folgt, daß die obige dimensionslose Schwingungszeit τ für alle solche Pendelschwingungen dieselbe sein muß. Damit haben wir also, ohne die Diff.-Gl. zu integrieren, das Gesetz für die Schwingungszeit erschlossen

$$T = \text{const} \sqrt{\frac{l}{g}}.$$

Die Größe der dimensionslosen Schwingungszeit τ, d. h. die Größe des noch unbekannten konstanten Faktors kann man dann im Prinzip durch Ausführung eines Versuches bestimmen; sie beträgt bekanntlich 2π.

b) Alle Hagen-Poisseuilleschen Kanalströmungen sind zueinander kinematisch ähnlich.

30. Ein Beispiel für eine kinematische Ähnlichkeit liefern uns die Poiseuilleschen Kanalströmungen: In der Tat konnten wir durch Beziehung aller Längen auf die halbe Kanalbreite b und aller Geschwindigkeiten auf die maximale Geschwindigkeit U

$$\left.\begin{array}{c} x = x' b \qquad y = y' b \\ u = u' U \end{array}\right\} \quad \ldots \ldots \quad (49)$$

das u (y)-Profil jeder solchen Strömung auf das folgende

$$u' = 1 - y'^2 \quad \ldots \ldots \ldots \quad (50)$$

zurückführen. M. a. W.: Nach Ausführung der Dehnungen (49) geht jede solche Kanalströmung in ein und dieselbe spezielle Kanalströmung über, für welche die halbe Kanalbreite $b = 1$, die maximale Geschwindigkeit $U = 1$ und ferner das Geschwindigkeitsprofil $u' = 1 - y'^2$ ist. — Jedoch sind diese Strömungen nicht alle zueinander mechanisch ähnlich: Soll dies auf zwei spezielle Strömungen zutreffen, so bedeutet das offenbar, daß sie in den dimensionslosen Variablen sich als identisch erweisen, d. h. also nach dem Früheren dasselbe dimensionslose Druckgefälle bzw. dieselbe Reynoldssche Zahl Re besitzen. Danach sind also zwei solche Strömungen dann und nur dann zueinander mechanisch ähnlich, wenn sie dasselbe Re besitzen. Wie weiter unten gezeigt werden wird, gilt dieser Satz auch für beliebige Strömungen.

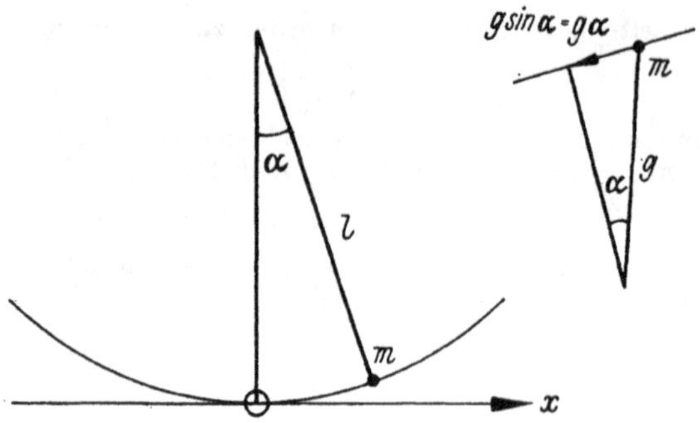

Bild 26. Zur Bestimmung des Gesetzes für die Schwingungszeit eines (mathematischen) Pendels bei kleinen Ausschlägen.

15. Erweiterung der Begriffe auf den Fall, daß die Maßzahlen eines Größensystems statt einer speziellen affinen Dehnung oder Abbildung eine beliebige Abbildung, insbesondere eine beliebige affine Dehnung erfahren.

31. Schließlich sei noch folgendes erwähnt: Nach dem Früheren besteht der Übergang von einem System (S) zu einem dazu ähnlichen System (S^*) in einer Dehnung der Längen l, Zeiten t und Kräfte k, also in dem, was man mathematisch als eine spezielle Affinität bezeichnet. Geometrisch, kinematisch und mechanisch zueinander ähnlich, bedeutet also so viel wie: zueinander affin bezüglich der Längen, Zeiten und Kräfte, bedeutet also m. a. W. die Möglichkeit einer affinen Abbildung der Systeme aufeinander, Lassen wir hierin an Stelle der speziellen affinen (speziell deshalb, weil der Dehnungsfaktor für alle Maßzahlen desselben Größensystems also z. B. für die drei Koo einer Geschwindigkeit derselbe ist) eine beliebige affine oder gar eine beliebige Abbildung treten, so gelangen wir von dem bisherigen Begriff der mechanischen Ähnlichkeit zu einem entsprechend allgemeineren: Die beiden Systeme werden dann im Sinne dieser allgemeineren Abbildung als nicht voneinander verschieden zu bezeichnen sein, und es wird die Lösung jeder Aufgabe in dem einen System die Lösung der entsprechenden Aufgabe im anderen nach sich ziehen und umgekehrt. Die Wichtigkeit solcher allgemeinerer Abbildungen leuchtet ohne weiteres ein, und wir werden gerade später ein wichtiges Beispiel hierfür vorfinden, in welchem alle Plattenströmungen durch eine gewisse allgemeinere affine Abbildung[2]) auf ein und dieselbe Strömung bezogen werden. — Als ein einfaches Beispiel erwähnen wir noch das folgende: Die durch Bild 27a dargestellte gleichförmig beschleunigte Bewegung (mit b als Beschleunigung) wird, sobald man die Zeiten durch die zurückgelegten Wege mißt, also die Zeitachse der Abbildung $t^* = \frac{b}{2} t^2$ unterwirft, offenbar in die gleichförmige Bewegung mit der Geschwindigkeit 1, Bild 27b, übergeführt.

[2]) Nämlich die unter 44. gegebene Abbildung (70).

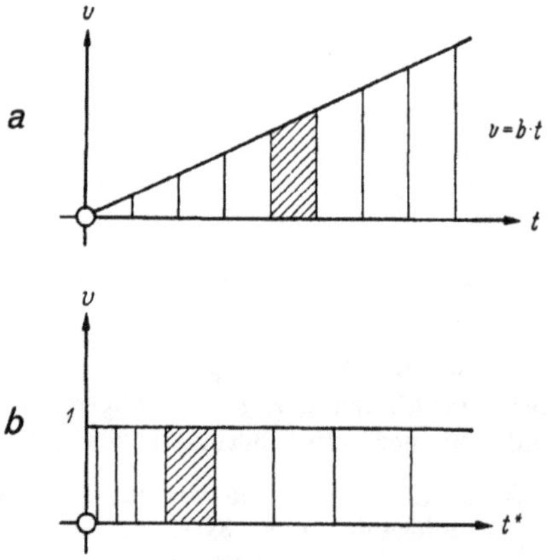

Bild 27a und 27b. Bei entsprechender Dehnung der Zeitachse geht die gleichförmig beschleunigte Bewegung von Bild 27a in die gleichförmige Bewegung von Bild 27b über.

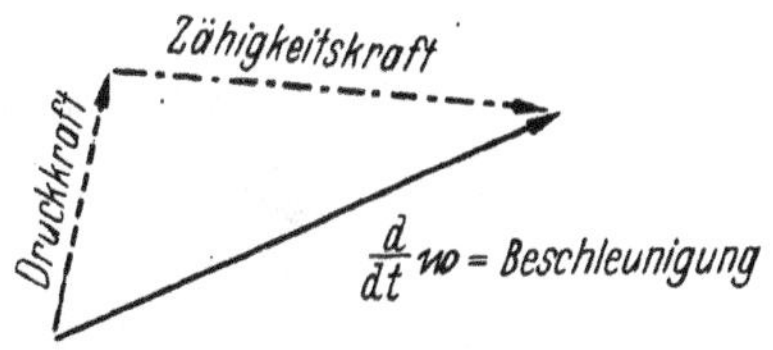

Bild 28. Zur dimensionslosen Schreibweise der Gleichungen von Navier-Stokes.

16. Dimensionslose Schreibweise der Gleichungen von Navier-Stokes; zwei Strömungen sind — geometrische Ähnlichkeit vorausgesetzt — dann und nur dann mechanisch ähnlich, wenn sie dieselbe Reynoldssche Zahl besitzen.

32. Wir schreiben nun die Navier-Stokesschen Gl. auf dimensionslose Variable um, und zwar in der Weise, daß wir als »Grundeinheiten« eine Länge l, eine Geschwindigkeit U und einen Druck $P = \varrho\, U^2$ innerhalb unseres Systems zugrunde legen. Da pro Volumeinheit die Zähigkeitskraft zusammen mit der Druckkraft die Beschleunigung ergibt (Bild 28), so ist dadurch von selbst auch die Zähigkeitskraft dimensionslos ausgedrückt. Wir setzen also an

$$\left.\begin{aligned} x &= x'\,l \quad & u &= u'\,U \\ & & & \qquad p = p'\,\varrho\,U^2 = p'\,P \\ y &= y'\,l \quad & v &= v'\,U \end{aligned}\right\} \quad . \; . \; (51)$$

und erhalten dann z. B.

$$v\,u_y = (v'\,U)\,(u'\,U)_{y'}\,\frac{\partial y'}{\partial y} = \frac{U^2}{l}\,v'\,u'_{y'}\;\ldots\ldots\,.$$

Führen wir diese Werte ein, so erhalten wir nach Division der beiden Bewegungsgl. durch $\frac{U^2}{l}$ bzw. der Kontinuitätsgl. durch $\frac{U}{l}$ mit Re als Reynoldsscher Zahl $Re = \frac{U \cdot l}{\nu}$ und $\nu' = \frac{1}{Re}$

$$\left.\begin{aligned} u'\,u'_{x} + v'\,u'_{y'} &= -\,p'_{x'} + \frac{1}{Re}\left\{u'_{x'x'} + u'_{y'y'}\right\} = \\ &= -\,p'_{x'} + \nu'\,\Delta'\,u' \\ u'\,v'_{x'} + v'\,v'_{y'} &= -\,p'_{y'} + \frac{1}{Re}\left\{v'_{x'x'} + v'_{y'y'}\right\} = \\ &= -\,p'_{y'} + \nu'\,\Delta'\,v' \\ u'_{x'} + v'_{y'} &= 0 \text{ bzw.: } u' = \Psi'_{y'} \\ & \qquad v' = -\,\Psi'_{x'} \text{ mit } \Psi' = \frac{\Psi}{l \cdot U} \end{aligned}\right\} \; . \; . \; (52)$$

Aus diesen Gleichungen können wir den wichtigen Schluß ziehen, daß zwei Strömungen — geometrische Ähnlichkeit vorausgesetzt — dann und nur dann auch mechanisch zueinander ähnlich sind, wenn sie dieselbe Reynoldssche Zahl besitzen; denn dann und nur dann ergeben sie in den (gestrichenen) dimensionslosen Variablen dieselben Diff.-Gl. (52) (mit denselben Randbedingungen).

2. Abschnitt: Die laminare Strömung längs der Platte.

A. Freie, halbfreie und gebundene Strömungen.

17. Die Anzahl der festen Wände entscheidet über die Einteilung.

33. Wir schicken eine Einteilung der Strömungen (und zwar nur solcher, bei denen die Flüssigkeit zu- und abströmt, d. h. also z. B. nicht allseitig von einer festen Wand eingeschlossen ist; grob gesagt also jener Strömungen, bei denen sich die Flüssigkeit in einer bevorzugten Richtung bewegt, und die allein für uns in Frage kommen), hinsichtlich der Anzahl A der festen Wände voraus: dieselbe kann offenbar gleich 0, 1 oder 2 sein, je nachdem keine, eine oder zwei Wände vorhanden sind. Wir charakterisieren diese drei Arten von Strömungen kurz durch die Worte »frei«, »halbfrei« und »gebunden« und verbinden damit die folgende Vorstellung:

Obwohl in jedem der drei Fälle die Strömung durch die Gleichungen von Navier-Stokes beherrscht wird, d. h. im kleinen demselben Mechanismus gehorcht, sich dort also ein und derselbe Elementarprozeß abspielt, so ist doch z. B. der Gesamtverlauf der Geschwindigkeit bzw. der Geschwindigkeitskoo in der bevorzugten Strömungsrichtung ein völlig anderer, d. h. die Gestalt eines u-Profiles eine völlig andere, je nachdem, welcher der drei Fälle vorliegt. Als Beispiele seien erwähnt:

1) Die (laminare) Strömung einer Flüssigkeit, wie Wasser aus einem Spalt, der die Form eines schmalen und sehr langen Rechtecks hat, in einer gewissen kleinen zur Rechtecksachse symmetrisch liegenden Zone, wo die Strömung als eben angesehen werden kann (»frei«).

2) Die (laminare) Strömung längs einer in eine Parallelströmung getauchten Platte, die uns später ausgiebig beschäftigen wird (»halbfrei«).

3) Die (laminare) Strömung in einem Kanal, und zwar sowohl die Anlauf- wie die ausgebildete Poiseuille-Strömung (»gebunden«).

Diese Einteilung[3]) ist zweifellos sehr grob, indessen: Je gröber eine Einteilung ist, desto stärker wirkt sie sich aus, d. h. desto einschneidender sind die Unterschiede. Im vorliegenden Fall bestehen diese Unterschiede im folgenden: Es leuchtet ohne weiteres ein (und wird weiter unten genauer belegt), daß man z. B. bei der Kanalströmung durch stetige Parallelverschiebung der einen Wand bis ins Unendliche niemals zu der Plattenströmung, und in ähnlicher Weise auch nie von der Plattenströmung zu der des Strahles gelangen kann; kurz: man kann durch derartige stetige Bewegung der Wände nie von einer Strömung der einen Klasse zu einer solchen der anderen gelangen. Physikalisch erhellt dieses auch daraus, daß z. B. die Strömung im Kanal nur unter einem Druckgefälle, die längs der Platte jedoch ohne ein solches möglich ist. Da man nun andererseits oft bemüht ist, das u-Profil einer Strömung mit dem einer anderen, schon bekannten, zu vergleichen, so kommt man zu dem Schluß, daß ein solcher Vergleich sicher nicht statthaft ist zwischen Strömungen, die im obigen Sinne verschiedenen Klassen angehören, von denen also z. B. die eine halbfrei und die andere gebunden ist.

18. Beispiel; der Begriff des Charakters eines Geschwindigkeitsprofiles.

34. Als Beispiel führen wir den grundlegenden Unterschied an, der zwischen den u-Profilen in Wandnähe einmal für die halbfreie Plattenströmung, dann für die gebundene Poiseuillesche Kanalströmung besteht: Während im ersten Falle bei der Platte eine Entwicklung

$$u\,(y) = a_1\,y^1 + 0 \cdot y^2 + 0 \cdot y^3 + a_4 \cdot y^4 + \ldots.$$

besteht, lautet die entsprechende Entwicklung für den Kanal (Poiseuille-Strömung!)

$$u\,(y) = b_1\,y^1 + b_2\,y^2 + 0 \cdot y^3 + 0 \cdot y^4 + \ldots\, .$$

Man sieht: Trotzdem wir beim Kanal das u-Profil nur in nächster Nähe der Wand betrachtet haben, so übt doch die andere Wand eine Fernwirkung in der Weise aus, daß durch sie die Reihenentwicklung so völlig anders als im Falle der Platte lautet. Daß ein u-Profil in Wandnähe einen bestimmten Verlauf, d. h. die zugehörige Reihenentwicklung eine bestimmte Folge von Koeffizienten $c_1, c_2, c_3 \ldots$ besitzt,

$$u\,(y) = c_1\,y^1 + c_2\,y^2 + c_3\,y^3 + \ldots\ldots\ldots \quad (53)$$

drücken wir kurz dahin aus, daß wir sagen: »Das u-Profil ist in Wandnähe von dem 'Charakter' $c_1, c_2, c_3 \ldots$« Dann können wir sagen: Der Unterschied zwischen der halbfreien Platten- und der gebundenen Kanalströmung kommt in dem völlig verschiedenen Charakter zum Ausdruck, den die beiden Profile in Wandnähe zeigen, in dem das erste vom Charakter a_1, 0, 0, $a_4 \ldots$ das andere vom Charakter b_1, b_2, 0, 0 . . . ist.

[3]) Da die getroffene Einteilung die Art der Strömungsform, ob laminar oder turbulent, gar nicht betrifft, so gilt sie auch für turbulente Strömungen.

19. Die allgemeine Bestimmung des Charakters eines Geschwindigkeitsprofiles.

35. Im allgemeinen wird jedoch die Lage die sein, daß man die Reihenentwicklungen nicht von vornherein kennt, sondern nur die gemessenen u-Profile zur Hand hat. Dann ist man genötigt, den Beginn der Reihenentwicklung, d. h. den Charakter durch Analyse des Profiles erst zu bestimmen, was passend mittels Logarithmenpapier geschieht: Zunächst folgt aus (53) für kleine y und für $c_1 >$ bzw. < 0

$$\left.\begin{array}{l}\log u \approx \log c_1 + 1 \cdot \log y \text{ bzw.} \\ \log(-u) \approx \log(-c_1) + 1 \cdot \log y\end{array}\right\} \quad . \; . \; . \; . \quad (54)$$

was auf dem Log-Papier eine Gerade der Neigung 1 und mit dem Achsenabschnitt $\log c_1$ bzw. $\log(-c_1)$ ergibt, d. h. das erste Glied $c_1\, y^1$ der Reihenentwicklung (Bild 29a, 29b). Liegen nicht alle Meßpunkte auf dieser Geraden, so existieren in (53) noch höhere Glieder; tragen wir ihre positiv gerechneten Abstände von der Geraden (54) wieder in demselben Log-Papier auf, so werden sie sich für kleinere y — falls in (53) das $k$te Glied das nächste nicht verschwindende ist — auf der Geraden

$$\log c_k + k \cdot \log y \text{ bzw. } \log(-c_k) + k \cdot \log y \qquad (54\text{a})$$

mit der Neigung k anordnen, je nachdem die Meßpunkte ober- oder unterhalb von der Geraden (54) liegen. . . .

Wie man sieht, kommen für den nächsten Schritt immer nur jene Meßpunkte in Frage, die auf derselben Seite der vorher bestimmten Geraden liegen; ist die direkte Ablesung dieser Meßpunkte auf dem Log-Papier zu ungenau, so hat man sie zu berechnen.

36. Natürlich kann das geschilderte Verfahren nur eine beschränkte Anzahl von Malen ausgeführt werden, da von den u-Profilen jeweils nur endlich viele Meßpunkte zur Verfügung stehen. Je feiner die Ausmessung, d. h. je genauer das Profil gegeben ist, um so weiter kann die obige Analyse getrieben, d. h. um so mehr Glieder von der Reihenentwicklung bestimmt werden. Da die Neigungen der Geraden, auf denen sich die Punkte bei den einzelnen Schritten anordnen $= 1, 2, 3, \ldots$ und allgemein ganzzahlig und daher von vornherein bekannt sind, so können wir diese schrittweise Methode solange fortsetzen, als sich diese ganzzahligen Neigungen noch deutlich voneinander erkennbar einstellen. Dabei wird die Bestimmung der zugehörigen Achsenabschnitte, d. h. der Koeffizienten c_ν zunehmend ungenauer. Will man zwei Profile auf ihren Unterschied hin prüfen, also ihren verschiedenen Charakter feststellen, so genügt es für diesen Zweck, wenn man in der Analyse solange fortfährt, bis dieser Unterschied eindeutig erkennbar ist. Der Fall, daß beide Profile bis auf die verwandten Maßstäbe übereinstimmen, bedarf besonderer Beachtung. Voraussetzungsgemäß sind hier entsprechende Koeffizienten miteinander durch die Relationen verknüpft

$$c'_\nu = u_0 \cdot c_\nu\, y_0^\nu \quad . \; . \; . \; . \; . \; . \; . \; . \; . \quad (55)$$

woraus sich ergibt

$$\log c'_\nu - \log c_\nu = \log u_0 + (\log y_0) \cdot \nu \quad . \; . \; . \; . \quad (56)$$

Trägt man also über einer ν-Achse die linken Seiten von (56) auf, so müssen die Punkte in diesem Falle auf einer Geraden liegen (Bild 30). Unterscheiden sich bei der Analyse zwei Profile bereits in den Neigungen, so sind sie schon von verschiedenem Charakter und die genaue Bestimmung der Koeffizienten unnötig.

20. Beispiel: Die Analyse eines Plattenprofils und eines Kanalprofils im Anlauf.

37. Als Beispiel bringen wir die Analyse eines Plattenprofils und eines Kanalprofils im Anlauf, mit dem Ziel, ihren völlig verschiedenen Charakter zu zeigen. Die Meßpunkte zeigt die folgende Zahlentafel 1, in deren erster (für die Platte) $\frac{u}{U}$ statt u auftritt[4]), was aber für die folgende Betrachtung unwesentlich ist.

[4]) Das Plattenprofil ist das erste der später (unter 74.) angeführten und diskutierten 5 Plattenprofile.

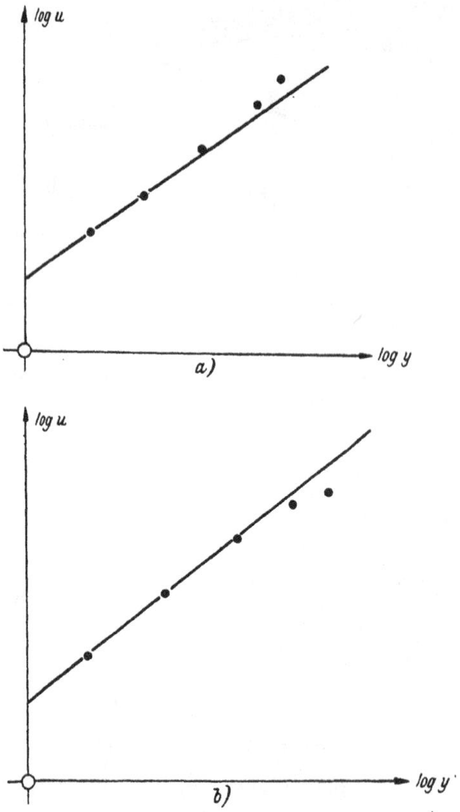

Bild 29a und 29b. Zur Bestimmung des Charakters eines Geschwindigkeitsprofiles; ist u negativ, so ist $\log u$ durch $\log(-u)$ zu ersetzen.

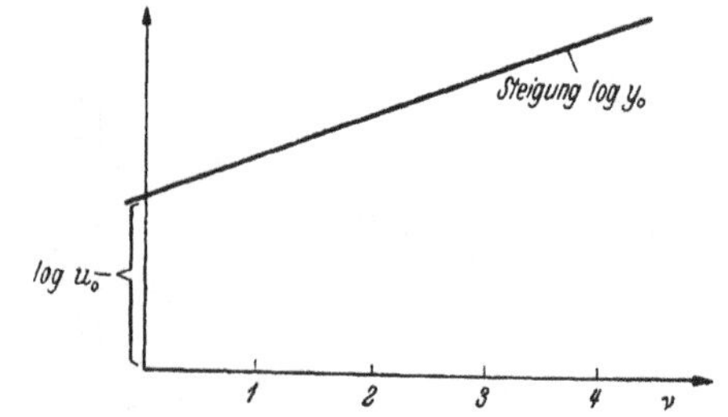

Bild 30. Der Fall, daß zwei Profile bis auf die verwandten Maßstäbe übereinstimmen; d. h. im wesentlichen vom selben Charakter sind.

Zahlentafel 1.

Platte		Kanal	
y	$\frac{U}{u}$	y	u
0,01	0,072	0,00	0,0
0,02	0,146	0,06	9,4
0,04	0,291	0,09	13,3
0,07	0,500	0,12	17,5
0,10	0,682	0,18	25,1
0,13	0,820	0,24	31,7
0,16	0,921	0,30	37,1
0,20	0,977	0,36	41,6
0,23	0,991	0,42	45,0
0,26	0,998	0,48	47,5
0,28	1,000	0,54	48,8
0,30	1,000	0,57	49,3
0,32	1,000	0,60	49,4

Die Analyse des Plattenprofils ergab (Bild 31)

$$\frac{u}{U} = 7{,}3\, y^1 - 480\, y^4 + 20000\, y^7 - \; . \; . \; . \; . \quad (57$$

gegenüber der theoretischen Entwicklung (auf eine Dezimale genau)

$$\frac{u}{U} = 7{,}3\, y^1 - 534{,}2\, y^4 + 49192\, y^7 - + \ldots, \qquad (58)$$

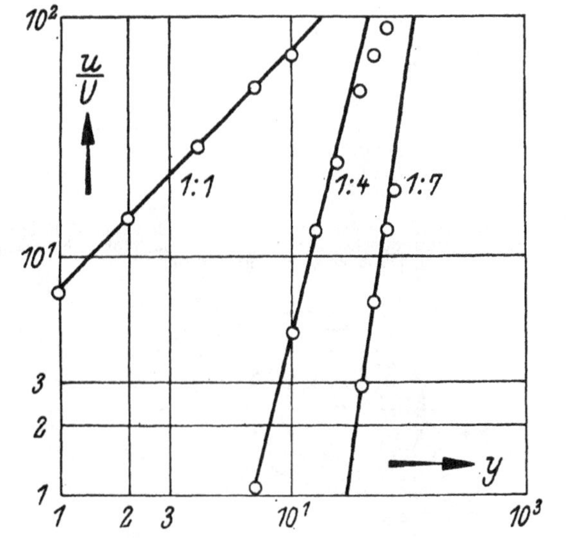

Bild 31. Die Analyse eines Plattenprofiles.

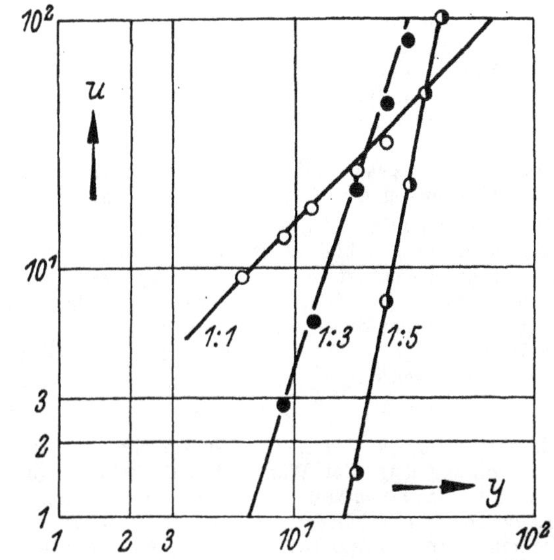

Bild 32. Die Analyse eines Kanalprofiles im Anlauf.

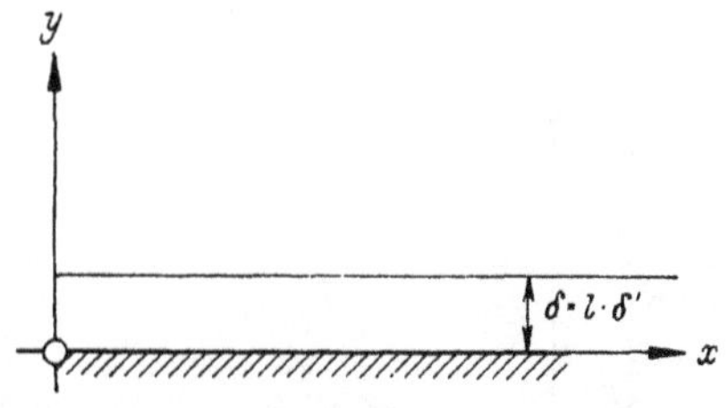

Bild 33. Zur Ableitung der Prandtlschen Grenzschichtgleichungen im Falle einer ebenen Wand.

und des Kanalprofils (Bild 32)

$$u = 151\, y^1 - 383\, y^3 + 920\, y^5 - \quad . \; . \; . \; . \quad (59)$$

Der völlig verschiedene Charakter ist ersichtlich. An sich wäre hier die genaue Bestimmung der Koeffizienten gar nicht nötig gewesen, da hier der obenerwähnte Fall auftritt, in welchem beide Entwicklungen sich bereits in den Potenzen bzw. die beiden zugehörigen Bilder 31, 32 in den verschiedenen Neigungen der auftretenden Geraden unterscheiden. Doch ist es sicher gut, an diesem konkreten Beispiel zu sehen, was eine solche Analyse leistet. Der Vergleich von (57) mit (58) zeigt, daß hier der dritte Koeffizient nur noch bis auf einen Fehler von $\approx 60\,\%$ genau bestimmt ist, während das Vorzeichen des folgenden Koeffizienten (Bild 31) noch richtig herauskommt. Hierzu beachte man jedoch, daß bei dieser Bestimmung noch sehr grob gearbeitet worden ist. Selbstverständlich kann die Genauigkeit noch wesentlich gesteigert werden, und zwar so weit, als dies das vorhandene Zahlenmaterial zuläßt; so werden wir z. B. den ersten Koeffizienten c_1 in (53) im Falle der Platte später viel genauer bestimmen, als dies hier geschehen ist.

B. Die Vereinfachung der Navier-Stokesschen Gleichungen durch Prandtl[5]).

21. Der Grenzübergang in den Bewegungsgleichungen zur verschwindenden Zähigkeit führt 1. für die Außenströmung zu den Eulerschen Gleichungen und 2. für die unmittelbar der Wand anliegenden Strömung zu den Prandtlschen Gleichungen.

38. Handle es sich um die Strömung längs eines Wandstückes, das wir als eben betrachten dürfen, Bild 33. Die (dimensionslosen) Bestimmungsgl. lauten dann, wenn wir in ihnen $\frac{1}{Re} = \frac{\nu}{\overline{u} \cdot l}$ als dimensionslose Maßzahl ν' für die kinematische Zähigkeit ν auffassen, gemäß (52) und Bild 33

$$\left.\begin{aligned} u'\,u'_{x'} + v'\,u'_{y'} &= -\,p'_{x'} + \nu' \left\{u'_{x'x'} + u'_{y'y'}\right\} \\ u'\,v'_{x'} + v'\,v'_{y'} &= -\,p'_{y'} + \nu' \left\{v'_{x'x'} + v'_{y'y'}\right\} \\ u'_{x'} + v'_{y'} &= 0 \text{ bzw. } u' = \Psi'_{y'} \\ v' &= -\,\Psi'_{x'} \\ \text{Randbeding.: } &\text{Haften an der Wand, d. h.} \\ u' = 0,\; v' &= 0 \text{ für } y' = 0 \end{aligned}\right\} \quad . \; . \quad (60)$$

Unter der Voraussetzung, daß die Zähigkeit ν' gegen 0 geht, in Zeichen $\nu' \to 0$, während alle anderen Bedingungen beibehalten werden, stellen wir dann die folgende heuristische Betrachtung an:

Wir stellen uns vor, daß bei diesem Grenzübergang $\nu' \to 0$ zur verschwindenden Zähigkeit die »Außenströmung«, d. h. die Strömung für $y' \geqq \delta'$ bei beliebig kleinem $\delta' > 0$ in eine ideale Strömung übergeht, die sich schließlich ganz an die Wand anlegt. Da für diese alle Geschwindigkeiten sowie deren Diff.-Quotienten endlich sind, so folgt, daß für diese Außenströmung der Grenzübergang $\nu' \to 0$ in den Gl. (60) durchgeführt werden kann, wodurch sich in der Tat die Eulerschen Gl. für die ideale Strömung ergeben:

$$\left.\begin{aligned} u'\,u'_{x'} + v'\,u'_{y'} &= -\,p'_{x'} \\ u'\,v'_{x'} + v'\,v'_{y'} &= -\,p_{y'} \\ u'_{x'} + v'_{y'} &= 0 \end{aligned}\right\} \quad . \; . \; . \; . \; . \; . \; . \quad (61)$$

Hingegen dürfen wir in dieser Weise die Zähigkeitsglieder sicher nicht streichen für jene Strömung, die sich in der »Grenzschicht« zwischen der Wand und der Außenströmung befindet und die beim Übergang $\nu' \to 0$ ganz an die Wand gedrückt wird. Sonst würde z. B. aus der ersten Gl. in (60), genommen an der Wand, also aus

$$0 = -\,p'_{x'} + \nu' \left\{u'_{x'x'} + u'_{y'y'}\right\} \quad . \; . \; . \; . \; . \quad (62)$$

sich ergeben

$$0 = -\,p'_{x'} \quad . \; . \; . \; . \; . \; . \; . \; . \; . \; . \; . \; . \; . \; . \quad (63)$$

d. h. ein Resultat, daß im allgemeinen nicht zutrifft, da die ideale Strömung im allgemeinen beschleunigt längs der Wand erfolgt. Doch können wir jedenfalls das Glied $\nu'\,u'_{x'x'}$ unterdrücken, da ja $u'_{x'x'}$ endlich bleibt. Deuten wir dann durch eine eckige Klammer den Grenzwert von $\nu'\,u'_{y'y'}$ an, so haben wir an Stelle von (63) die richtige Beziehung

$$0 = -\,p'_{x'} + [\nu'\,u'_{y'y'}] \quad . \; . \; . \; . \; . \; . \quad (64)$$

zu setzen. Diese Gl. zeigt, daß die unmittelbar an der Wand liegende Grenzschichtströmung stets Zähigkeitskräften unterliegt. Ist unsere ganze Vorstellung richtig, so muß sich im Grenzfall $\nu' \to 0$ der Wandschub 0 ergeben, da ja eine ideale Strömung keinen Reibungswiderstand ergibt; dies ist, wie

[5]) Bezüglich des Schrifttums sei allgemein auf den Artikel über Grenzschichttheorie von W. Tollmien im Handbuch der Experimentalphysik, Bd. IV, 1. Teil, Akademische Verlagsbuchhandlung, Leipzig 1931, verwiesen. — Die folgende Darstellung schließt sich eng an E. Mohr an; vgl. dessen Arbeit »Die laminare Strömung längs der Platte . . .« Deutsche Mathematik, Jahrgang IV, Heft 4, 1939.

eine einfache Betrachtung zeigt, tatsächlich der Fall. Im Grenzfall $\nu' \to 0$ erscheint also die Grenzschichtströmung als ein Mechanismus, welcher den Übergang von der Geschwindigkeit 0 auf die Geschwindigkeit der idealen Außenströmung bewerkstelligt.

22. Die dadurch gegebene Möglichkeit der näherungsweisen Berechnung des Flüssigkeitswiderstandes.

39. Was ist nun damit gewonnen? — Antwort: Da für Flüssigkeiten mit sehr kleiner Reibung der obige Grenzfall schon nahezu erreicht ist, so wird es eine an die Wand anschließende sehr dünne Grenzschicht geben, in welcher die Strömung wesentlich durch die Zähigkeitskraft $\nu' u'_{y'y'}$ beeinflußt und mit großer Annäherung durch die der Gl. (64) entsprechende Gleichung

$$u' u'_{x'} + v' u'_{y'} = - p'_{x'} + \nu' u'_{y'y'} \quad . \quad . \quad . \quad . \quad . \quad (65)$$

beschrieben wird, wo $-p'_{x'}$ das Druckgefälle der idealen Außenströmung längs der Wand ist, das also nur von x' abhängt; da die hier auftretende Zähigkeitskraft $\nu' u'_{y'y'}$ im wesentlichen die Änderung des Schubes in der y'-Richtung ist, so kann man mittels der Gl. (65) und der Kontinuitätsgl. den (allerdings sehr kleinen) Wandschub berechnen. Das Resultat ist also: Unter den gemachten Voraussetzungen läßt sich auf die beschriebene Weise der Flüssigkeitswiderstand des betrachteten Wandstückes mit großer Annäherung bestimmen.

Mit $\frac{1}{Re} = \nu'$ erhalten wir damit die berühmten Prandtlschen Gleichungen

$$\left.\begin{aligned} u' u'_{x'} + v' u'_{y'} &= - p'_{x'} + \frac{1}{Re} u'_{y'y'} \\ u'_{x'} + v'_{y'} &= 0 \end{aligned}\right\} \quad . \quad . \quad . \quad . \quad (66)$$

Da das Druckgefälle $-p'_{x'}$ als bekannt angesehen werden darf, so sind durch diese zwei Gl. die zwei Unbekannten u', v' bestimmt. Als wichtigste Randbedingung sei genannt: Das Haften an der Wand (unter dem Einfluß der Zähigkeit), d. h. $u' = 0$, $v' = 0$ für $y' = 0$. — Auch gelten die Prandtlschen Gl. noch für gekrümmte Wände, sofern die Krümmung genügend klein ist, und unter x', y' die aus Bild 34 ersichtlichen Koo verstanden werden.

23. Die Rolle des Druckgefälles.

40. Bezüglich des Druckgefälles sei noch bemerkt: $-p'_{x'}$, ist der ganzen Herleitung nach das längs der festen Berandung herrschende Druckgefälle jener idealen Strömung, die sich für $\nu' \to 0$ ergeben soll. Handelt es sich dann z. B. um die Strömung um einen Zylinder wie in Bild 35, so wird die ideale Strömung im allgemeinen Wirbel enthalten, die natürlich den Druckverlauf wesentlich bestimmen. Die Bestimmung von $-p'_{x'}$, erfordert dann die Berücksichtigung dieser Wirbel, d. h. die Kenntnis ihrer Stärke und Lage, oder aber — was einfacher ist — die direkte Ausmessung.

C. Anwendung der Prandtlschen Gleichungen auf die längs angeströmte Platte.

24. Die Prandtlschen Gleichungen beschreiben in diesem Spezialfall die gesamte Flüssigkeitsbewegung; die Fiktion der unendlich langen Platte; der Einfluß der Plattenspitze; die Randbedingungen.

41. Als die einfachste Grenzschichtströmung haben wir jene anzusehen, die sich an einer unendlich dünnen, d. h. praktisch sehr dünnen Platte, die in einem gleichförmigen Parallelstrom von der Geschwindigkeit $\bar{u}$ gehalten wird, ausbildet: Hier ist $-p'_{x'} \equiv 0$; da ferner die Strömung in der Querrichtung rasch in die ungestörte Parallelströmung übergeht, dort also praktisch $u'_{y'y'}$ verschwindet, so sieht man, daß die Bewegungsgl.

$$u' u'_{x} + v' u'_{y'} = \frac{1}{Re} u'_{y'y'} \qquad \left.\begin{aligned} u' &= \frac{u}{\bar{u}} \\ v' &= \frac{v}{\bar{u}} \end{aligned}\right\} \quad . \quad . \quad . \quad (67)$$

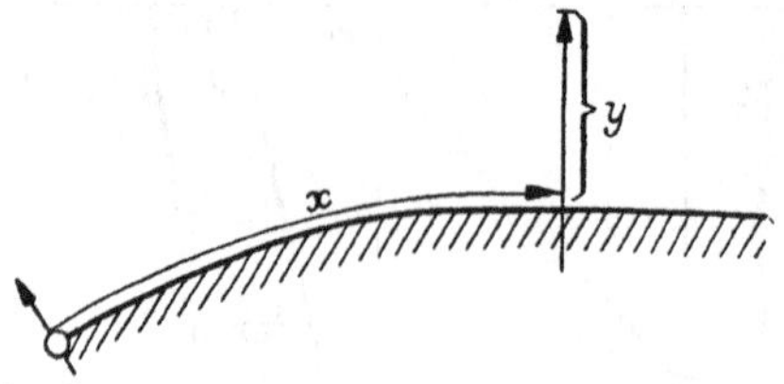

Bild 34. Bei Benutzung der eingezeichneten krummlinigen Koordinaten gelten die Prandtlschen Gleichungen auch noch für Strömungen längs einer gekrümmten Wand.

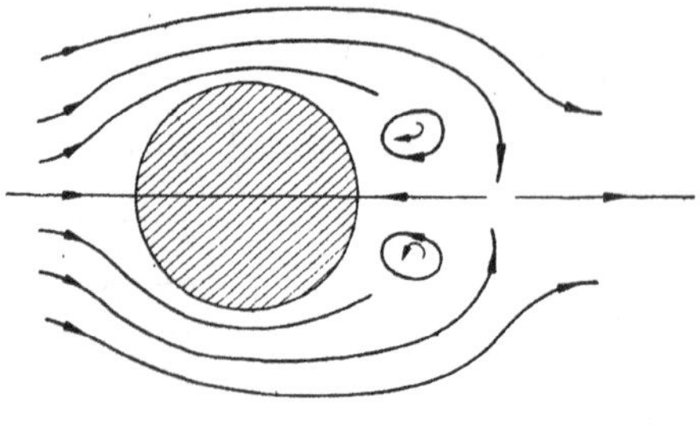

Bild 35. Das der Grenzschicht aufgeprägte Druckgefälle wird (abgesehen von der Anströmungsgeschwindigkeit) von den in der Außenströmung enthaltenen Wirbeln bestimmt.

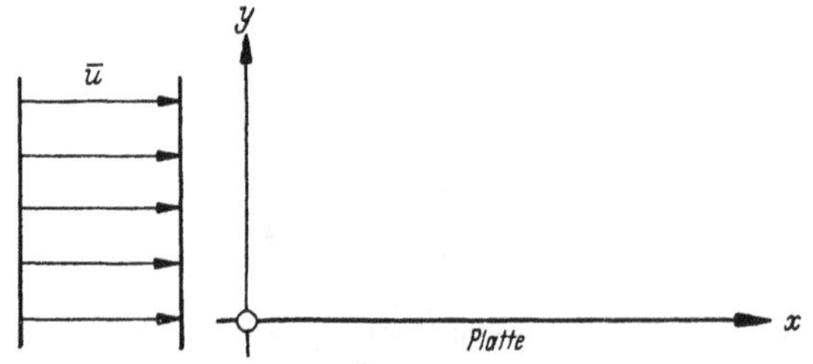

Bild 36. Zur Berechnung der (laminaren) Strömung längs einer Platte.

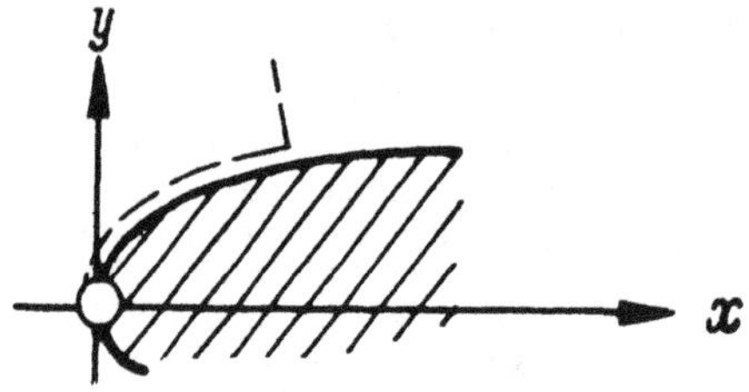

Bild 37. Die Benutzung der Koordinaten x, y, sowie die Annahme, daß kein Druckgefälle statthat, bringen mit sich, daß in der Nähe der Plattenspitze die Strömung stark verzerrt wiedergegeben wird.

nicht nur für die Grenzschicht, sondern in dem hier vorliegenden Spezialfall sogar für die ganze Strömung als gültig angesehen werden kann. Weiter sei angenommen, daß die Platte unendlich lang ist (in Bild 36 die ganze positive x-Achse) und es werde ihr Widerstand bis zu einer Stelle x als Widerstand einer Platte der endlichen Länge x angesehen: Dies bedeutet, daß man bei der Berechnung des Widerstandes der endlichen Platte von dem Einfluß des Plattenendes absieht, eine Vereinfachung, die sicher erlaubt ist, sofern die Platte genügend lang ist (und die Strömungsform dieselbe bleibt). Die unendlich lange Platte ist selbstverständlich eine Fiktion, der wir uns jedoch (wenigstens in Gedanken) unbegrenzt nähern können; dies kommt auch schon darin zum Ausdruck, daß ihr Widerstand bis zu einer Stelle x mit x beliebig groß wird. Auch kann die Prüfung durch das Experiment immer nur an endlich langen und ebenso auch nur an endlich dicken Platten vorgenommen werden. Schließlich bringt die Tatsache, daß wir die Gl. (67) als für die ganze Plattenströmung zuständig erklärt haben, noch mit sich, daß wir die Strömung in unmittelbarer Nähe der Plattenspitze stark verzerrt bekommen. Dies erhellt aus Bild 37, wenn wir uns die Platte von kleiner aber endlicher Dicke vorstellen, und hernach den Grenzübergang zur unendlich dünnen Platte vollzogen denken: Da vorn an der Spitze die Krümmung sehr groß ist, und außerdem als Folge hiervon eine große Beschleunigung entsteht, so müßten wir bei einer exakten Behandlung

1) statt der bisherigen Koo x, y (und ebenso u, v) die aus Bild 37 ersichtlichen krummlinigen nehmen,

2) ferner in der Gl. (67) die Krümmung berücksichtigen; und schließlich

3) auch dem Druckgefälle Rechnung tragen.

Aber auch hier dürfen wir annehmen, daß diese Vernachlässigungen um so weniger ins Gewicht fallen, je länger die Platte ist. Hierdurch wird die Strömung nur in unmittelbarer Nähe der Plattenspitze verzerrt werden. Wie weit diese Verzerrung reicht, können und werden wir feststellen, sobald wir mittels der Gl. (67) und der Kontinuitätsgl. das Strömungsfeld bestimmt haben. — Man beachte noch, daß in dieser Auffassung die Plattenspitze aus ganz anderen Gründen weggelassen werden muß, als dies in der üblichen Begründung der Prandtlschen Theorie der Fall ist: dort ist die Vernachlässigung der Plattenspitze deshalb notwendig, weil in ihrer Nähe die der Aufstellung der Grenzschichtgl. zugrunde liegenden Abschätzungen, speziell die Abschätzung, daß die Abszisse x von normaler Größenordnung ist, in Zeichen $x \sim 1$, nicht mehr zu Recht bestehen.

42. Was die Randbedingungen betrifft, so müssen wir erwarten, daß die Haftbedingung an der Wand erfüllbar ist, d. h. $u' = 0$, $v' = 0$ für $y' = 0$ ist, wie bei der wirklichen Strömung. Für die letztere gilt außerdem, daß sie für $y' \to \infty$ in die ungestörte Parallelströmung übergeht, d. h. dort 1) $u' \to 1$ und 2) $v' \to 0$ ist. Für die vereinfachte Prandtlsche Strömung werden diese beiden Bedingungen im allgemeinen natürlich nicht mehr erfüllbar sein; doch wird man auf die erste nicht verzichten können, wenn anders man von einer näherungsweisen Lösung noch sprechen will. In der Tat wird sich zeigen, daß die erste Bedingung $u' \to 1$ streng und die zweite $v' \to 0$ näherungsweise erfüllbar ist in dem Sinne, daß für $y' \to \infty$ die Quergeschwindigkeit v' um so kleiner ausfällt, je weiter man von der Plattenspitze weg, d. h. je größer x' ist. Daß die zweite Bedingung nur näherungsweise erfüllt werden kann, hängt damit zusammen, daß bei der Prandtlschen Vereinfachung die zweite Bewegungsgl. in der Querrichtung ganz weggefallen ist. Daß den formulierten Randbedingungen nun auch tatsächlich genügt werden kann bzw. welche Randbedingungen in anderen Fällen tatsächlich erfüllbar sind, muß natürlich durch eine strenge Untersuchung erbracht werden, sei es durch direkte Aufstellung der Lösung, sei es mittels anderer Schlüsse.

43. Unser bisheriges Resultat ist dann dieses: Wir sehen die ganze Plattenströmung als näherungsweise durch die folgenden Gl. und Randbedingungen bestimmt an:

$$\left.\begin{array}{l} u' u'_{x'} + v' u'_{y'} = \dfrac{1}{Re} u'_{y'y'} \\ u'_{x'} + v'_{y'} \quad = 0 \text{ bzw. } u' = \Psi'_{y'} \\ \qquad\qquad\qquad\quad v' = -\Psi'_{x'} \\ \text{Randbedingung: für } y' = 0\text{: } u' = 0, v' = 0 \\ \qquad\qquad\qquad\quad \text{für } y' \to \infty\text{: } u' \to 1 \end{array}\right\} \quad (68)$$

Da die Strömung symmetrisch zur Platte erfolgt, genügt es ferner, wenn wir uns im folgenden auf die obere Hälfte der Strömung (für $y' \geqq 0$) beschränken.

25. Alle Prandtlschen Plattenströmungen sind zueinander mechanisch ähnlich und lassen sich durch eine allgemeinere affine Dehnung auf ein und dasselbe Paar von Bestimmungsgleichungen beziehen (Prandtlsches Ähnlichkeitsgesetz); die Form des Widerstandsgesetzes.

44. An die Prandtlschen Gl. (68) knüpfen wir gleich eine wichtige Bemerkung an. Dort bedeutet z. B. x' die dimensionslose Maßzahl für x, also $x = x' \cdot l$, wo l eine passende Länge unseres Systems ist. Denken wir uns eine solche auf der Platte abgesteckt, so sind sich zwei solche Platten stets geometrisch ähnlich, da sie ja unendlich lang sind. Mit anderen Worten: l ist beliebig wählbar und kann daher z. B. stets so gewählt werden, daß die Reynoldssche Zahl Re $= \frac{\overline{u} \cdot l}{\nu}$ einen konstanten Wert behält. Dies bedeutet dann aber, daß alle Plattenströmungen (68) zueinander mechanisch ähnlich sind. Daß wir später trotzdem ein Widerstandsgesetz für die Platte von der (variabel gedachten) Länge x in der Form

$$c = f(Re) \quad \dots\dots\dots\dots \quad (69)$$

erhalten, kommt dadurch zustande, daß wir als Widerstand der endlichen Platte jenen erklären, der auf dem Plattenteil von 0 bis x unserer unendlich lang gedachten Platte entfällt: Demgemäß fungiert in (69) dann auch eine ganz andere wenn auch hier gleich bezeichnete Reynoldssche Zahl als in (68), nämlich $Re = \frac{\overline{u} \cdot x}{\nu}$. — An sich stünde nun nichts im Wege, in (68) $Re \equiv 1$ zu machen; indessen wird uns die Frage, bis zu welcher Entfernung x_0 von der Plattenspitze die Strömung verzerrt wiedergegeben wird zu einer passenden Länge, nämlich eben diesem x_0 und damit zu einem konstanten $Re > 1$ führen. Aus diesem Grunde nehmen wir schon jetzt an, daß in (68) Re zwar konstant jedoch $\neq 1$ ist. Dann sieht man weiter sofort, daß man sich von dem für alle Strömungen konstanten aber noch willkürlichen und daher variablen Re durch die allgemeinere affine Abbildung

$$\left.\begin{array}{ll} X = x' & U = u' \\ Y = \sqrt{Re}\, y' & V = \sqrt{Re}\, v' \end{array}\right\} \quad \dots\dots \quad (70)$$

befreien kann, durch welche die Gl. (68) auf die folgenden zurückgeführt werden

$$\left.\begin{array}{l} U U_X + V U_Y = U_{YY} \\ U_X + V_Y \quad = 0 \text{ bzw. } U = \Psi_Y \\ \qquad\qquad\qquad\quad V = -\Psi_X,\ \Psi = \sqrt{Re} \cdot \Psi' \\ \text{Randbedingung:} \\ \qquad \text{für } Y = 0\ \text{: Haften, d. h. } U = 0, V = 0 \\ \qquad \text{für } Y \to \infty\text{:} \qquad\qquad U \to 1 \end{array}\right\} \quad (71)$$

Die mathematische Behandlung der Gl. (71) ist — wie bekannt — hinreichend erledigt, so daß wir uns kürzer fassen und oft mit Andeutungen über den weiteren Verlauf des Lösungsweges begnügen können.

26. Die Fortsetzung eines Geschwindigkeitsprofiles.

a) Der Fall eines Prandtlschen Profiles.

45. Als erstes wollen wir zeigen, daß die Gl. (71) es erlauben, aus einem bereits bekannten Prandtlschen $U(Y)$-Profil an der Stelle X, d. h. also eines Profiles, das den Gl. (71) genügt und daher die Eigenschaften

$$U(0) = 0, \quad V(0) = 0, \quad U(\infty) = 1 \quad \dots \quad (72)$$

besitzt, das dazu benachbarte an der Stelle $X + dX$ zu bestimmen, kurz: ein U-Profil fortzusetzen. Ersetzt man nämlich in der Bewegungsgl. von (71) U_X vermöge der Kontinuitätsgl. durch $-V_Y$, so erhält man nach Division durch U^2

$$-\frac{U V_Y - V U_Y}{U^2} = -\left(\frac{V}{U}\right)_Y = \frac{U_{YY}}{U^2} = f(Y) \quad \dots \quad (73)$$

wo nach Voraussetzung $f(Y)$ als eine bekannte Funktion anzusehen ist; $\left(\frac{V}{U}\right)$ ist die Neigung der Stromlinien, $\left(\frac{V}{U}\right)_Y$ also deren Änderung in der Querrichtung Y. Aus (73) folgt durch Integration nach Y und Multiplikation mit U, sowie darauf folgende Differentiation nach Y:

$$-V = U \cdot \int_0^Y f(T)\, dT \quad \dots\dots\dots\dots \quad (74)$$

$$-V_Y = U_X = U f(Y) + U_Y \int_0^Y f(T)\, dT \quad \dots \quad (74\text{a})$$

woraus folgt, daß man durch Anwendung einer Quadratur bezüglich Y an der Stelle X das zugehörige U_X in Abhängigkeit von Y und damit also das benachbarte U-Profil an der Stelle $X + dX$ gewinnen kann. Weiter kann man aus den

Gl. (73), (74) sofort ablesen (wie hier nicht weiter ausgeführt sei), daß auch das fortgesetzte Profil den Bedingungen

$$U(0) = 0, \quad V(0) = 0, \quad U(\infty) = 1 \quad \ldots \quad (75)$$

genügt, d. h. daß die formulierten Randbedingungen tatsächlich erfüllt werden können. Gleichbedeutend damit ist, daß die zugehörigen Diff.-Quotienten nach X an der Wand bzw. im Unendlichen für $Y \to \infty$ verschwinden:

$$U_X(0) = 0, \quad V_X(0) = 0, \quad U_X(\infty) = 0 \quad \ldots \quad (75a)$$

46. Bezüglich $f(Y)$ sei bemerkt, daß es stets endlich ist: In der Tat folgt aus der durch Ersetzung von U_X durch $-V_Y$ sich ergebenden Bewegungsgl. in (71):

$$-UV_Y + VU_Y = U_{YY} \quad \ldots \ldots \quad (76)$$

sowie der hieraus durch Differentiation nach Y folgenden Gl.

$$-UV_{YY} + VU_{YY} = U_{YYY} \quad \ldots \ldots \quad (77)$$

daß an der Wand

$$U_{YY}(0) = 0, \quad U_{YYY}(0) \neq 0 \quad \ldots \ldots \quad (78)$$

ist. Die Reihenentwicklung für U lautet also

$$U(Y) = A_1 Y^1 + 0 \cdot Y^2 + 0 \cdot Y^3 + A_4 \cdot Y^4 + \ldots \quad (79)$$

woraus sich ergibt, daß die Entwicklungen für U^2 und U_{YY} so beginnen:

$$U^2 = A_1^2 Y^2 + \ldots$$

$$U_{YY} = 12 A_4 Y^2 + \ldots,$$

mithin die für $U_{YY}/U^2 = f(Y)$

$$\frac{U_{YY}}{U^2} = \frac{12 A_4}{A_1^2} Y^0 + \ldots = B_0 + B_1 Y^1 + \ldots \quad (80)$$

Speziell ist also

$$\frac{U_{YY}}{U^2} = B_0 \quad \text{für } Y = 0 \quad \ldots \ldots \quad (80a)$$

(78) ist eine notwendige Bedingung, der jedes Profil, das aus den Gl. (71) bestimmt ist, genügen muß. Zeigen wir noch, daß diese Bedingung auch auf das oben fortgesetzte Profil an der Stelle $X + dX$ zutrifft, so können wir also dieses in derselben Weise wieder fortsetzen und mithin das Fortsetzungsverfahren beliebig weit vorwärts treiben. Dieser Nachweis ist gleichbedeutend damit, daß die zugehörigen Diff.-Quotienten nach X an der Wand verschwinden:

$$U_{YYX}(0) = 0, \quad U_{YYYX}(0) = 0 \quad \ldots \ldots \quad (81)$$

Diese Bedingung ist aber erfüllt, wie man sofort erkennt, wenn man die beiden Gl. (76), (77) nach X differenziert und beachtet, daß an der Wand U, V sowie U_X, V_X (nach (75), (75a)) verschwinden.

47. Das Ergebnis ist also: Kennt man ein U-Profil, so kann man durch Fortsetzung (nach vorn und rückwärts) alle übrigen gewinnen. Daß der Zusammenhang zwischen den einzelnen Profilen in dem hier vorliegenden Spezialfall der Plattenströmung noch wesentlich einfacher ist, als er hier erscheint, werden wir weiter unten sehen.

b) Der Fall eines durch die Messungen gewonnenen Navier-Stokesschen Profiles.

48. Wie man sieht, ist das geschilderte Fortsetzungsverfahren an die Voraussetzung gebunden, daß wir bereits ein U-Profil kennen, das den Gl. (71) und mithin den Bedingungen (78) genügt. Geometrisch bedeutet (78), daß die Krümmung und der Anstieg dieser Krümmung (in der Y-Richtung) des U-Profiles an der Wand verschwindet. Nimmt man also — wie es (in komplizierteren Fällen als den hier vorliegenden, d. h. in Fällen, wo die explizite Bestimmung der Strömung aus den Gl. nicht so leicht möglich ist) häufig in Prandtls Theorie geschieht — als Ausgangsprofil ein durch die Messung gewonnenes, so wird dieses — wenigstens theoretisch — diesen Bedingungen (78) im allgemeinen nicht genügen, da es ja als Lösung der Navier-Stokesschen Gl. und nicht der vereinfachten Gl. von Prandtl angesehen werden muß. In einem solchen Fall muß man das gemessene Profil, um das Fortsetzungsverfahren zu ermöglichen, erst noch geeignet und in solcher Weise umformen, daß es diesen Bedingungen genügt[6]).

[6]) Denn nur dann hat $f(Y) = \frac{U_{YY}}{U^2}$ einen endlichen Wandwert und mithin das Integral in (73) und (74) einen Sinn.

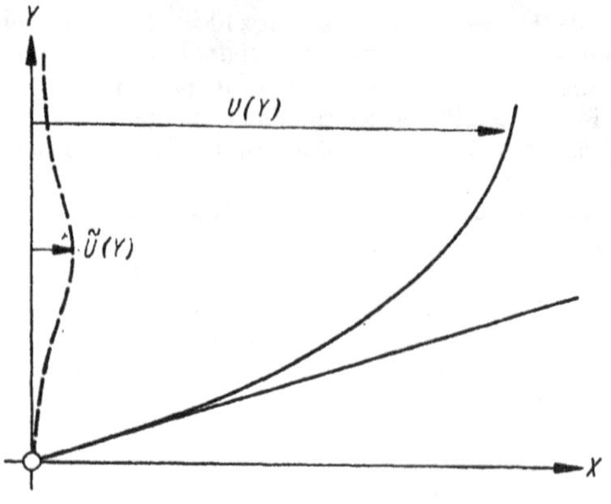

Bild 38. Abänderung eines Geschwindigkeitsprofiles derart, daß es im Sinne der Prandtlschen Gleichungen fortsetzbar ist.

Zunächst bemerken wir, daß aus der ersten Navier-Stokesschen Bewegungsgleichung

$$u\,u_x + v\,u_y = -u\,v_y + v\,u_y = \frac{1}{Re}\{u_{xx} + u_{yy}\}$$

wegen $(u_{xx})_0 = 0$ an der Wand, folgt, daß auch in diesem Fall das Profil die erste der Bedingungen (78) erfüllt. Differenziert man die obige Gl. nach y, so verschwindet an der Wand wieder die linke Seite; da jedoch im allgemeinen $(u_{xxy})_0 \neq 0$ ist, so ist es auch $(u_{yyy})_0$.

Nehmen wir nun an, daß für das gemessene Profil wenigstens theoretisch an der Wand

$$U_{YYY}(0) = 3!\,C_3 \neq 0 \quad \ldots \ldots \quad (82)$$

ist, so kann man von dem gegebenen Profil stets eine solche Kurve $\tilde{U}(Y)$ abziehen, welche eine Reihenentwicklung hat, die so beginnt

$$\tilde{U}(Y) = 0 \cdot Y^1 + 0 \cdot Y^2 + C_3 \cdot Y^3 + \ldots \quad (83)$$

und die im übrigen beliebig niedrig und beliebig flach über der Y-Achse verläuft (s. in Bild 38 die gestrichelte Kurve). Bedenkt man nun, daß jedes gemessene Profil infolge der Messungsgenauigkeit nur innerhalb gewisser Schranken bekannt ist, so erhellt, daß man jedes solche Profil, ohne aus diesen Schranken herauszutreten und ohne seine Anfangsneigung zu verändern, so abändern kann, daß es den Bedingungen (78) genügt.

49. Tatsächlich ist aber, wie wir an dem praktischen Beispiel von früher sehen, wo wir ein Plattenprofil analysierten, eine solche Abänderung überhaupt nicht nötig. Dies bedeutet, daß die gemessenen Punkte immer noch so weit von der Wand entfernt sind, daß aus ihnen mit Sicherheit auf das Nichtverschwinden des Koeffizienten von y^3 in der Entwicklung

$$u(y) = a_1 y^1 + 0 \cdot y^2 + a_3 y^3 + \ldots$$

nicht geschlossen werden kann. Der Wert der Konstanten, die in (80) mit B_0 bezeichnet wurde, und für die hier konsequenterweise b_0 geschrieben sei, beträgt in jenem Beispiel

$$b_0 = \frac{12\,a_4}{a_1^2} = -\frac{12 \cdot 480}{(7{,}3)^2} = -108{,}1$$

gegenüber dem theoretischen Wert

$$b_0 = \frac{12\,a_4}{a_1^2} = -\frac{12 \cdot 534{,}2}{(7{,}3)^2} = -120{,}3,$$

von dem also der experimentell bestimmte um nahezu 10% abweicht.

Diese noch relativ große Abweichung ist darauf zurückzuführen, daß die Bestimmung von U_{YY}, d. h. die zweimalige Durchführung einer Differentiation natürlich bereits mit einer nicht zu vermeidenden Ungenauigkeit behaftet ist. Die Notwendigkeit U_{YY} zu bestimmen, muß überhaupt als der Hauptmangel des früher beschriebenen Fortsetzungsverfahren auf Grund der Beziehungen (73), (74) angesehen werden. Im Zusammenhang damit sei jedoch erwähnt, daß bei der Bestimmung von V gemäß (73) diese zweite Diffe-

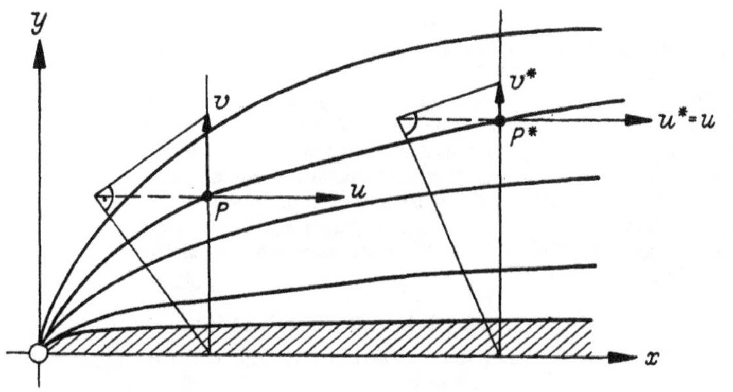

Bild 39. Zusammenhang zwischen zwei Geschwindigkeitsprofilen: Für die auf einer Parabel liegenden Punkte P und P^* gilt: $U = U^*$, $Y \cdot V = Y^* \cdot V^*$; die letzte Gleichheit sagt aus, daß die eingezeichneten rechtwinkligen Dreiecke gleiche Höhe besitzen; außerdem ergibt sie, daß bei Annäherung an die Plattenspitze die Quergeschwindigkeit V beliebig groß und mithin die Strömung stark verzerrt wiedergegeben wird.

rentiation vermieden werden kann, wie die folgende partielle Integration zeigt

$$\int_0^Y \frac{U_{YY}}{U^2}\,dT = \left.\frac{\{U_Y-(U_Y)_0\}}{U^2}\right|_0^Y + 2\int_0^Y \frac{\{U_Y-(U_Y)_0\}\cdot U_Y}{U^3}\,dT; \quad (84)$$

hierbei verschwindet der 1. Teil gemäß (79) an der unteren Grenze 0. An Stelle von (74) gewinnt man so die neue Beziehung

$$-V = \frac{\{U_Y-(U_Y)_0\}}{U} + 2U\int_0^Y \frac{\{U_Y-(U_Y)_0\}\cdot U_Y}{U^3}\,dT \quad . \; . \; (85)$$

Hat man hier die rechte Seite in Abhängigkeit von Y bestimmt, so dürfte die nachfolgende Differentiation nach Y den Wert $-V_Y = U_X$ genauer als die frühere Gl. (74) ergeben[7]).

27. Prandtls Zurückführung der partiellen Differentialgleichung auf eine gewöhnliche Differentialgleichung.

50. Schon Prandtl hat seinerzeit im Jahre 1904 darauf hingewiesen, daß die partiellen Diff.-Gl. (71) sich auf eine gewöhnliche Diff.-Gl. zurückführen lassen. Diese Reduktion beruht darauf, daß man bemerkt, daß es eine einparametrige Schar von Transformationen

$$\begin{aligned} X^* &= X_0 \cdot X \\ Y^* &= Y_0 \cdot Y \\ U^* &= U_0 \cdot U \\ V^* &= V_0 \cdot V \end{aligned} \qquad X_0,\ Y_0,\ U_0,\ V_0 \text{ 4 Parameter} > 0 \qquad (86)$$

gibt, welche die Diff.-Gl. samt Rand und Randbedingungen in sich überführen. Aus dieser Forderung ergibt sich sofort, wenn X_0 als Parameter angesehen wird:

$$X_0 = X_0, \quad Y_0 = \sqrt{X_0}, \quad U_0 = 1, \quad V_0 = \frac{1}{\sqrt{X_0}} \quad . \; . \; (87)$$

Hält man den Punkt (X, Y) fest und wendet auf ihn alle Transformationen an, so durchläuft der Bildpunkt (X^*, Y^*) die Bahnkurve

$$\left.\begin{aligned} X^* &= X_0 \cdot X \\ Y^* &= \sqrt{X_0} \cdot Y \end{aligned}\right\} \quad . \; . \; . \; . \; . \; . \; . \; . \; (88)$$

d. h. die Parabel

$$Y^* = 2\,\xi\sqrt{X^*} \text{ mit dem Parameter } \xi = \frac{1}{2}\,\frac{Y}{\sqrt{X}} \quad (88a)$$

Weiter gelten für den Ausgangspunkt (X, Y) und einem beliebigen Bildpunkt (X^*, Y^*) die Beziehungen

$$\left.\begin{aligned} U^* &= U \\ Y^* \cdot V^* &= Y \cdot V \end{aligned}\right\} \quad . \; . \; . \; . \; . \; . \; . \; . \; (89)$$

[7]) Vgl. hierzu auch die Darstellung in der unter Anm. 5 zitierten Arbeit von Mohr, S. 482. Dort wird dieselbe Aufgabe behandelt, jedoch zum Unterschiede nur innerhalb der Grenzschicht. Dabei wurde davon Gebrauch gemacht, daß, obwohl z. B. im allgemeinen (in der in Prandtls Theorie üblicherweise angenommenen Abschätzungen, in denen ε klein (von der Größenordnung der Grenzschichtdicke ist) $u_{yy} \sim \frac{1}{\varepsilon^2}$, der Wandwert dieser Größe also $(u_{yy})_0$ doch endlich, hier sogar streng gleich Null ist. Die darin steckende und unzweifelhaft bestehende Schwierigkeit ist jedoch hier bei uns vermieden, was damit zusammenhängt, daß wir bei der Begründung von Prandtls Theorie solche Abschätzungen wie die genannten ganz entbehren konnten.

die zeigen, daß man aus der Kenntnis eines Profiles an der Stelle X durch die in Bild 39 veranschaulichte Konstruktion (in welcher die gezeichneten rechtwinkligen Dreiecke gleiche Höhe besitzen) direkt jedes andere Profil über einer anderen Abszisse X^* gewinnen kann. Aus dieser Konstruktion folgt auch, daß bei Annäherung an die Plattenspitze die Quergeschwindigkeit V beliebig groß, mithin dort die Strömung stark verzerrt wiedergegeben wird. Sie zeigt weiter, daß die Geschwindigkeit $U(Y)$ eines U-Profiles über einer Stelle X nur von dem Parameter $\xi = \frac{1}{2}\frac{Y}{\sqrt{X}}$, der durch den Punkt (X, Y) gehenden Bahnkurve, d. h. Parabel abhängt; führt man also an Stelle von Y diesen Parameter ξ als neue Variable ein, so folgt für die Stromfunktion Ψ die Darstellung

$$\Psi = \int_0^Y U\,dY \to \sqrt{X}\,\zeta(\xi), \quad \xi = \frac{1}{2}\,\frac{Y}{\sqrt{X}}, \quad Y = 2\,\xi\sqrt{X} \qquad (90)$$

mit

$$\zeta(\xi) = \int_0^\xi 2\,U\,d\xi \quad . \; . \; . \; . \; . \; . \; . \; . \; (91)$$

Daraus folgt z. B. weiter

$$\left.\begin{aligned} U &= \frac{1}{2}\zeta', & V &= \frac{1}{2\sqrt{X}}\{\zeta'\xi - \zeta\} \\ U_Y &= \frac{1}{4\sqrt{X}}\zeta'', & U_{YY} &= \frac{1}{8\sqrt{X}}\zeta''' \end{aligned}\right\} \quad . \; . \; (92)$$

und ähnliche Ausdrücke für U_X, V_Y ... Setzt man diese in die Gl. (71) ein, so erhält man nach einer kleinen Zwischenrechnung für ζ die gewöhnliche Diff.-Gl.

$$\left.\begin{aligned} &\zeta''' = -\zeta\zeta'' \\ &\text{mit den Randbeding.: 1) für } \xi = 0\text{: } \zeta = 0,\ \zeta' = 0 \\ &\qquad\qquad\qquad\quad \text{2) für } \xi \to \infty\text{: } \qquad \zeta' \to 2 \end{aligned}\right\} \quad (93)$$

28. Ausdehnung auf parabolische Platten.

51. Ehe wir die Lösung ζ dieser Diff.-Gl. aufsuchen, schalten wir noch die folgende Bemerkung ein:

Geht man die ganze obige Überlegung nochmals durch, unter der Voraussetzung, daß die Platte sehr dünn, jedoch nicht mehr unendlich dünn ist, und ihre Kontur gerade eine Bahnkurve der Transformationen (84), (85), d. h. eine Parabel (in Bild 39 schraffiert)

$$Y_r = 2\,\alpha\sqrt{X} \quad . \; . \; . \; . \; . \; . \; . \; . \; (94)$$

ist, so sieht man, daß man auch hier die ursprünglichen Koo X, Y beibehalten und mithin dieselbe Reduktion auf eine gewöhnliche Diff.-Gl. durchführen kann, welche dann so lautet

$$\left.\begin{aligned} &\zeta''' = -\zeta'\zeta'' \\ &\text{mit den Randbeding.: 1) für } \xi = \alpha\text{: } \zeta = 0,\ \zeta' = 0 \\ &\qquad\qquad\qquad\quad \text{2) für } \xi \to \infty\text{: } \qquad \zeta' \to 2 \end{aligned}\right\} \quad (95)$$

Dieses neue ζ wird aber offenbar aus dem früheren dadurch erhalten, daß man dieses (s. Bild 40a und b) parallel zur ξ-Achse um α nach rechts verschiebt (wodurch die Diff.-Gl. nicht geändert wird und die Randbedingungen von (93) in die von (95) übergeführt werden). Da der Wandschub an der Stelle X nach (90) im wesentlichen durch ζ''_0 gegeben ist, dieses sich aber bei der genannten Verschiebung nicht ändert, so folgt, daß der Schub für die parabolische dünne Platte derselbe wie für die unendlich dünne ist. Da man in der Praxis stets mit Platten von einer gewissen Dicke arbeiten muß, so erscheint es hiernach ratsam, dieselbe gleich parabolisch zu nehmen; dabei ist beim Experiment natürlich zu achten, daß die (doch endlich lange) Platte an ihrem Ende so geformt wird, daß dieses die Strömung nicht störend beeinflußt.

29. Die Lösung der gewöhnlichen Differentialgleichung.

a) Befreiung von der Randbedingung im Unendlichen.

52. Umformung der gewöhnlichen Diff.-Gl. in eine gleichwertige Integro-Diff.-Gl. mit einem Parameter. — Aus (93) können wir leicht folgern, daß ζ'' überall > 0 ist. Wäre nämlich an einer gewissen Stelle $\zeta'' = 0$, so folgte aus der Diff.-Gl. (91) und der aus ihr durch Differentiation entstehenden Gl., daß dann dort auch alle höheren Ableitungen ζ''', $\zeta^{(IV)}$ verschwinden würden, mithin $\zeta'' \equiv 0$ oder $\zeta \equiv \alpha_0 + \alpha_1 \zeta$ wäre; wegen der Randbedingungen (1) in $\xi = 0$ müßten dann auch a_0, a_1 verschwinden, d. h. $\zeta \equiv 0$ sein, was unmöglich ist. Also ist in der Tat ζ'' überall > 0. Mithin können wir die Gl. (91) durch ζ'' dividieren und erhalten links $\frac{\zeta'''}{\zeta''} = [\log \zeta'']'$. Integrieren wir darauf beide Seiten von 0 bis ξ, erheben sie in die e-Potenz, so gelangen wir mit $\gamma = \zeta_0''$ zu der mit (93) äquivalenten Bestimmungsgleichung für ζ

$$\left.\begin{array}{l} \zeta'' = \gamma e^{-\int_0^\xi \zeta(\tau)\,d\tau} \quad \text{mit der Randbedingung:} \\ \qquad\qquad \text{für } \xi = 0:\ \zeta = 0,\ \zeta' = 0 \end{array}\right\} \quad \ldots (96)$$

Setzen wir

$$\zeta' = \varphi \quad \ldots\ldots\ldots\ldots\ldots (97)$$

d. h. wegen $\zeta(0) = 0$

$$\zeta = \int_0^\xi \varphi(\sigma)\,d\sigma \quad \ldots\ldots\ldots (97\text{a})$$

so ist die letzte Bestimmungsgl. für ζ gleichbedeutend mit der folgenden Bestimmungsgl. für φ

$$\left.\begin{array}{l} \varphi' = \gamma e^{-\int_0^\xi d\tau \int_0^\tau \varphi(\sigma)\,d\sigma} \quad \text{mit der Randbedingung:} \\ \qquad\qquad \text{für } \xi = 0:\ \varphi = 0 \end{array}\right\} \quad (98)$$

γ spielt hierbei die Rolle einer Integrationskonstanten, die dadurch hereinkommt, daß wir der Randbedingung (2) von (93) im Unendlichen noch nicht genügt haben; sie ist noch so zu bestimmen, daß $\zeta' = \varphi \to 2$ für $\xi \to \infty$.

53. Die Bestimmung der einparametrigen Schar von Lösungen der Integro-Differentialgleichung läßt sich zurückführen auf die Bestimmung irgendeiner speziellen Lösung für einen festen Parameter. — Zu jedem γ gehört eine Kurve φ, die in dieser Auffassung mit $\varphi(\xi; \gamma)$ bezeichnet sei (Bild 41). Führen wir nun in die Gl. (96) eine neue Variable Ξ vermöge

$$\Xi = \beta \xi \qquad \beta > 0 \quad \ldots\ldots\ldots (99)$$

ein und setzen dementsprechend weiter $T = \beta \tau$, $\Sigma = \beta \sigma$, so erhalten wir

$$\varphi' = \gamma e^{-\int_0^\Xi dT \int_0^T \frac{\varphi}{\beta^2} d\Sigma} \quad \ldots\ldots\ldots (100)$$

Setzen wir also

$$\Phi(\Xi) = \frac{\varphi(\xi)}{\beta^2} \quad \ldots\ldots\ldots (101)$$

woraus — wenn Differentiation nach Ξ durch einen darüber gesetzten Punkt bezeichnet wird —

$$\dot{\Phi} = \frac{\varphi'}{\beta^3} \quad \ldots\ldots\ldots (102)$$

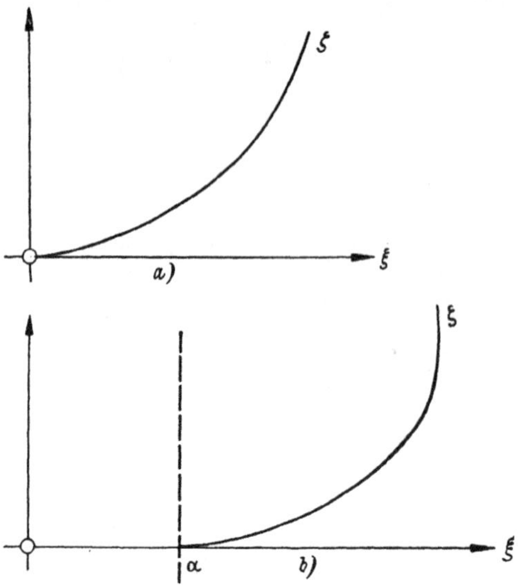

Bild 40a und 40b. Die (dimensionslose) Stromfunktion ζ für die unendlich dünne Platte geht durch Verschiebung längs der ξ-Achse in die entsprechende Stromfunktion für die parabolische Platte über (eine solche Platte ist in Bild 39 durch Schraffur angedeutet).

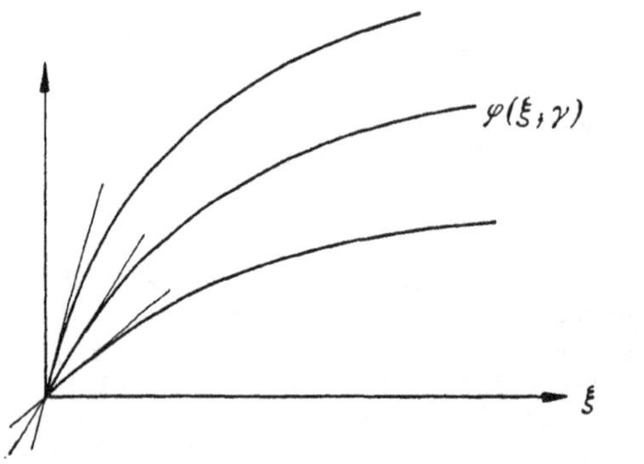

Bild 41. Die (dimensionslose) Geschwindigkeitsverteilung $\varphi(\xi, \gamma)$ bei verschiedenen Anfangswerten γ.

folgt, so geht die Gl. (98) über in die folgende Bestimmungsgleichung für Φ

$$\left.\begin{array}{l} \dot{\Phi} = \Gamma e^{-\int_0^\Xi dT \int_0^T \Phi(\Sigma)\,d\Sigma} \\ \quad \text{mit } \Gamma = \frac{\gamma}{\beta^3} \text{ und der Randbedingung:} \\ \qquad\qquad \Phi = 0 \text{ für } \Xi = 0 \end{array}\right\} \quad \ldots (103)$$

Man sieht: Φ ist wieder eine spezielle Lösung der Gl. (96) mit dem Parameter $\Gamma = \frac{\gamma}{\beta^3}$; weiter: variiert β von 0 bis ∞, so auch Γ (bei festem γ) und umgekehrt γ (bei festem Γ). Gehen wir also von einer speziellen Lösung $\Phi(\Xi; \Gamma) = \Phi(\Xi, 1) = \Phi$ mit dem Parameterwert $\Gamma = 1$ aus, die also durch die Gl. bestimmt ist

$$\dot{\Phi} = e^{-\int_0^\Xi dT \int_0^T \Phi(\Sigma)\,d\Sigma} \quad \text{mit } \Phi(0) = 0 \quad \ldots (104)$$

so erhalten wir mittels der Transformationen

$$\left.\begin{array}{l} \xi = \frac{\Xi}{\beta} \\ \varphi(\xi; \gamma) = \beta^2 \Phi(\Xi) \text{ mit } \gamma = \beta^3 \cdot \Gamma = \beta^3 \cdot 1 = \beta^3 \end{array}\right\} \quad (105)$$

bei stetig veränderlichem β alle übrigen Lösungen. Um speziell jenes φ zu erhalten, für das

$$\varphi(\xi)_{\xi \to \infty} \to 2 = \varphi(\infty) \quad \ldots\ldots (106)$$

wird, hat man gemäß (103) β aus der Gl.

$$2 = \varphi(\infty) = \beta^2 \Phi(\infty) \quad \ldots\ldots (107)$$

zu

$$\beta = \left\{\frac{2}{\Phi(\infty)}\right\}^{1/3} \quad \dots \dots \dots (108)$$

zu bestimmen. Der zugehörige Parameterwert $\gamma = \beta^3$ ist dann

$$\gamma = \varphi_0' = \zeta_0'' = \left\{\frac{2}{\Phi(\infty)}\right\}^{3/2} \quad \dots \dots (109)$$

Gemäß (95a) gehört Φ zu einer Lösung Z

$$Z = \int_0^{\Xi} \Phi(\Sigma)\, d\Sigma \quad \dots \dots \dots (110)$$

der Diff.-Gl.

$\ddot{Z} = -Z\ddot{Z}$ mit den Randbed.: $Z_0 = 0,\ \dot{Z}_0 = 0,\ \ddot{Z}_0 = 1$ (111)

wo der Zusammenhang zwischen Z und ζ gegeben ist durch

$$Z = \frac{\zeta}{\beta} \quad \dots \dots \dots (112)$$

Das Ergebnis ist also: Um die gesuchte Lösung ζ der Gl. (93) bzw. das zugehörige φ der Gl. (98) zu finden, genügt es, die Lösung Z von (111) bzw. Φ von (104) zu kennen; ζ bzw. $\zeta' = \varphi$ sind dann durch die Gl. (112) und (101) gegeben, wo β der durch (108) bestimmte Zahlenwert ist.

b) Herstellung einer groben Näherung mittels der entsprechenden Differenzengleichung und Angabe diesbezüglicher Näherungswerte.

54. Ehe wir an die genauere Bestimmung von Z, $\dot{Z}$, $\ddot{Z}$ bzw. ζ, ζ', ζ'' herantreten, wollen wir uns zuvor noch rasch eine grobe Näherung dieser Funktionen verschaffen, um ein Bild von ihrem Verlauf und ihrer Größenordnung zu haben. Dazu ersetzen wir in (111) die Differentialquotienten überall durch die entsprechenden Differenzenquotienten, also z. B. $\ddot{Z}$ durch $\frac{\Delta^2 Z}{h^2}$, wo h die konstante Schrittweite ist; dann erhalten wir die Differenzengleichung (an der k-ten Stelle $\Xi_k = k \cdot h$)

$$\Delta^3 Z_k = -h Z_k \cdot \Delta^2 Z_k \quad \dots \dots (113)$$

mit den Randwerten $Z_0 = 0$, $\Delta Z_0 = 0$, $\Delta^2 Z_0 = h^2$.

Mit Hilfe der gegebenen Randwerte sind dann in dem folgenden Differenzen-Tafel 2 alle Werte bekannt, welche in dem durch eine Schräglinie abgegrenzten schraffierten Dreieck liegen. Betrachten wir nun die erste Horizontalreihe, so können wir das hier noch offene Fach der letzten Spalte mit Hilfe der Differenzengl. (113) ausfüllen und damit auch alle jene Fächer, die durch die »nächste« parallele Schräglinie bestimmt sind. Dann wiederholt sich das Spiel bei der 2. Horizontalreihe ... Am besten führt man die Rechnung mit $h = 0{,}1$ durch: Dann sind von $\Xi = 3{,}5$ ab alle Differenzen $\Delta^3 Z = 0$, was das Zeichen ist, daß dort das Näherungsverfahren abzubrechen ist[8]). Für $\dot{Z}(\infty)$ erhält man so den Näherungswert $\dot{Z}(3{,}5) = 1{,}765$.

Setzt man in (108) für $\dot{Z}(\infty)$ den hiermit gewonnenen Näherungswert ein, so gelangt man zu den folgenden Werten

$$\left.\begin{array}{r|l} \beta = 1{,}065 & 1/\beta = 0{,}939 \\ \beta^2 = 1{,}133 & 1/\beta^2 = 0{,}882 \\ \gamma = \beta^3 \doteq 1{,}206 & 1/\beta^3 = 0{,}829 \end{array}\right\} \quad \dots \dots (114)$$

Da — wie später erkannt werden wird — 1,318 (auf drei Dezimalen genau) den Wert für den Widerstandsbeiwert angibt, so sehen wir, daß unsere grobe Näherung diesen Wert bereits bis auf $\approx 11\%$ genau liefert. Bild 42 zeigt das Bild für Z, $\dot{Z}$, $\ddot{Z}$, außerdem nochmals Z und $\ddot{Z}$ in $2\frac{1}{2}$facher Überhöhung[9]). Für die Achsenabschnitte A, B, welche die Asymptote an die Kurve Z bildet, erhalten wir

[8]) Diese Rechnung erfordert nicht mehr als 20 Minuten.

[9]) Ähnliches gilt auch für Bild 43 und für die entsprechenden Bilder 48, 50.

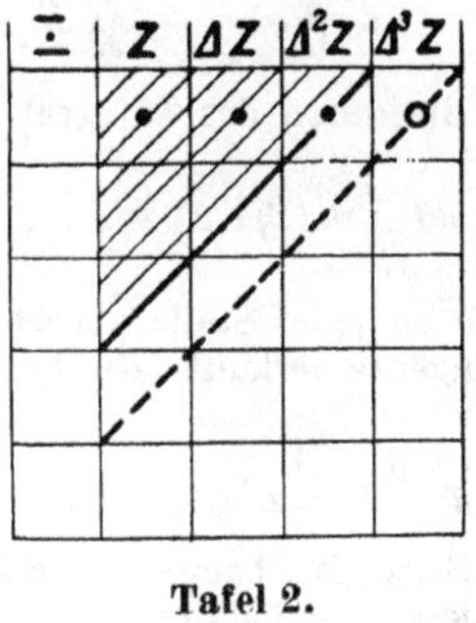

Tafel 2.

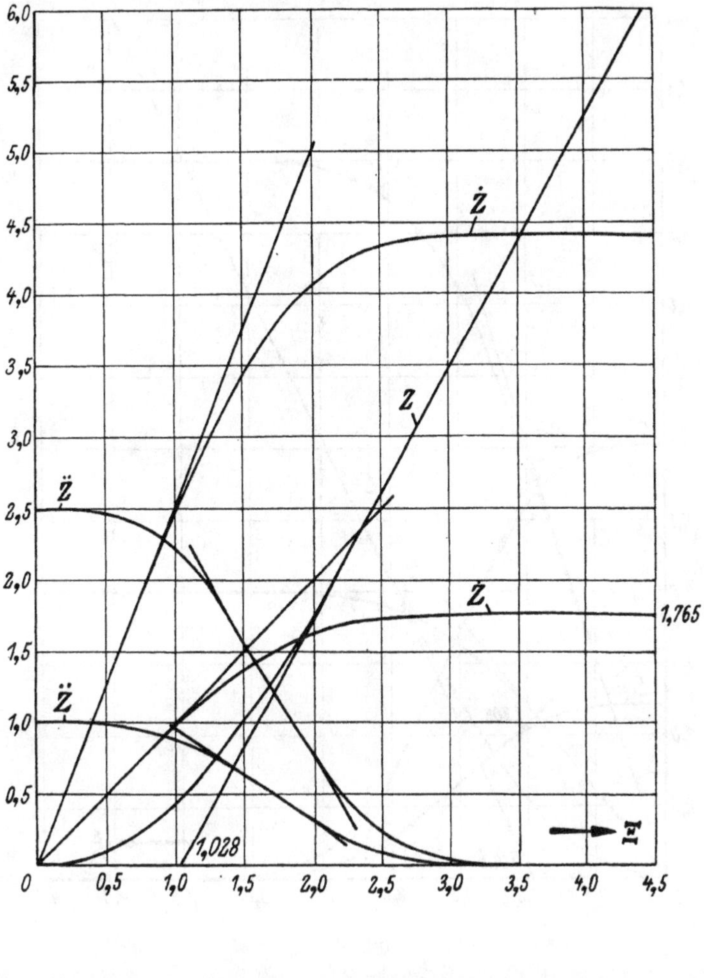

Bild 42. Erste Näherungswerte für Z, $\dot{Z}$ und $\ddot{Z}$, gewonnen mittels der Differenzenrechnung.

$$\left.\begin{aligned} A &= 1{,}028 \\ B &= 1{,}816 \end{aligned}\right\} \quad \ldots\ldots\ldots \quad (115)$$

Die Umrechnung von den $\Xi, Z, \ldots$ auf die $\xi, \zeta, \ldots$ mittels des β-Wertes von (114) ergibt Bild 43 und für die entsprechenden Achsenabschnitte

$$\left.\begin{aligned} a &= 0{,}966 \\ b &= 1{,}935 \end{aligned}\right\} \quad \ldots\ldots\ldots \quad (116)$$

Selbstverständlich steht nichts im Wege, die Diff.-Gl. (111) nach einem der bekannten Verfahren genauer zu integrieren. Jede derartige Integration wird man jedoch nur in einem endlichen Bereich, d. h. bis zu einer gewissen Stelle Ξ_0 durchführen können, die der Bedingung zu genügen hat, daß dort »praktisch« (d. h. innerhalb der jeweils beobachteten Genauigkeit) $\dot{Z}$ konstant ist. Da jedoch wegen $\ddot{Z} > 0$ die Funktion $\dot{Z}$ dauernd — wenn auch noch so langsam — wächst, so vermag man doch nicht zu sagen, um wieviel $\dot{Z}$ von jener Stelle Ξ_0 bis ins Unendliche noch zunimmt; m. a. W.: Wir können auf diese Weise nur eine obere Schranke, jedoch keine untere für den theoretischen Widerstandsbeiwert bekommen. Eine Antwort auf die Frage nach einer unteren Schranke wird nun gerade das folgende Verfahren, das gleichzeitig auf andere Weise Näherungslösungen für (111) bzw. (104) liefert, geben.

c) Aufstellung von speziellen Näherungslösungen.

55. α) In Form von Streckenzügen. — Wir bemerken, daß die Bestimmungsgl. (104) es gestattet, für Φ eine Näherungslösung auf Grund der folgenden Eigenschaften von (104) zu bestimmen: Kennt man Φ bis zu einer gewissen Stelle Ξ, so kennt man nach (104) auch die Tangente über diesen Endpunkt Ξ und kann daher längs ihr die Kurve Φ bis zu einem benachbarten Kurvenpunkt über $\Xi + d\,\Xi$ fortsetzen, dort dasselbe Verfahren wieder anwenden und so fort. Beginnt man diesen Fortsetzungsprozeß im Ursprung, indem man dort unter der vorgeschriebenen Neigung $\Gamma = 1$ startet, so gelangt man zu einem gebrochenen Linienzug $\Pi(\Xi)$, der die wahre Lösung Φ um so besser annähern wird, je kleiner die Schrittlänge gewählt worden ist (Bild 44). Auch kann man eine solche Näherungslösung — sie heiße jetzt $\overset{(1)}{\Pi}$ — leicht weiter verbessern, indem man aus der Gl.

$$\dot{\Pi}(\Xi) = e^{-\int\limits_0^{\Xi} dT \int\limits_0^{T} \overset{(1)}{\Pi}(\Sigma)\, d\Sigma}\ ; \quad \Pi(0) = 0 \quad \ldots \quad (117)$$

unter Halbierung der Schrittlänge (also Verdoppelung der Zahl der Schritte) auf dieselbe Art eine Näherungslösung in Form eines gebrochenen Linienzuges $\overset{(2)}{\Pi}$ gewinnt ... — In derselben Weise kann man aus der Gl. (98) für jedes vorgegebene γ das zugehörige φ schrittweise konstruieren.

56. β) In Form von Schachtelfolgen, welche sich für Abschätzungen besonders eignen. — Für manche Zwecke ist das folgende Verfahren besonders geeignet: Man geht von der sehr groben Näherung $\overset{(0)}{\Phi} = 0$ aus und bestimmt schrittweise weitere Näherungen $\overset{(1)}{\Phi}, \overset{(2)}{\Phi}, \ldots$, wo $\overset{(n+1)}{\Phi}$ aus $\overset{(n)}{\Phi}$ vermöge der zu (117) analogen Gl.[10])

$$\overset{(n+1)}{\dot{\Phi}} = e^{-\iint \overset{(n)}{\Phi}}, \quad \overset{(n+1)}{\Phi}(0) = 0 \quad \ldots\ldots \quad (118)$$

folgt und zwar deshalb, weil diese $\overset{(n)}{\Phi}$ sich gegenseitig einschachteln:

$$\overset{(0)}{\Phi} \leqq \overset{(2)}{\Phi} \leqq \overset{(4)}{\Phi} \leqq \ldots \qquad \ldots \leqq \overset{(5)}{\Phi} \leqq \overset{(3)}{\Phi} \leqq \overset{(1)}{\Phi} \quad \ldots \quad (119)$$

(und ebenso natürlich die zugehörigen Funktionen $\overset{(0)}{Z}, \overset{(1)}{Z}, \ldots$) und so die wahre Lösung Φ in immer engere Schranken schließen. Daraus folgt z. B., daß auch

$$\iint \overset{(2)}{\Phi} < \iint \Phi \quad \ldots\ldots\ldots \quad (120)$$

und daher

$$\dot{\Phi} = e^{-\iint \Phi} < e^{-\iint \overset{(2)}{\Phi}} \quad \ldots \quad (121)$$

ist. Da ferner die durch das Integral

$$\int\limits_0^{\Xi} dT \int\limits_0^{T} \overset{(2)}{\Phi}(\Sigma)\, d\Sigma \quad \ldots\ldots\ldots \quad (122)$$

gegebene Kurve an jeder Stelle oberhalb der dort befindlichen Tangente verläuft (also konvex ist), so ist für jedes Ξ:

$$\iint \overset{(2)}{\Phi} \geqq B + B'(\Xi - \Xi_0) \quad \ldots \quad (123)$$

wo die rechte Seite die Tangente darstellt. Verwendet man diese Abschätzung in (121) und in-

[10]) Wo die Integrationsgrenzen und -variablen sich von selbst verstehen, lassen wir dieselben oft weg!

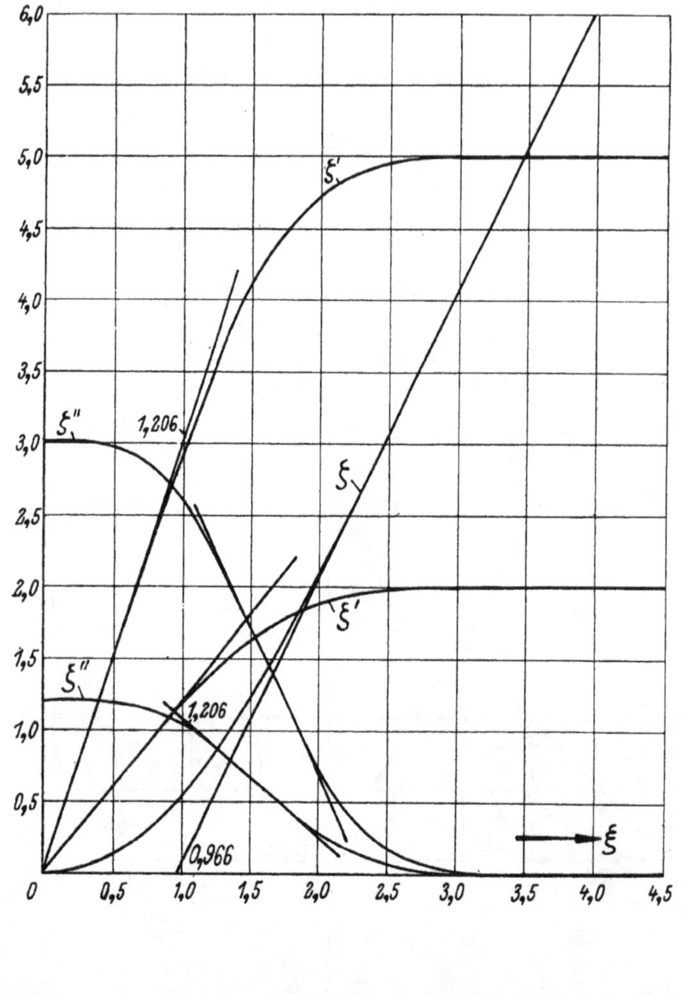

Bild 43. Die Bild 42 entsprechenden (d. h. aus den dortigen Näherungswerten für Z, $\dot{Z}$ und $\ddot{Z}$ durch Umrechnung gewonnenen) Näherungswerte für ζ, ζ' und ζ''.

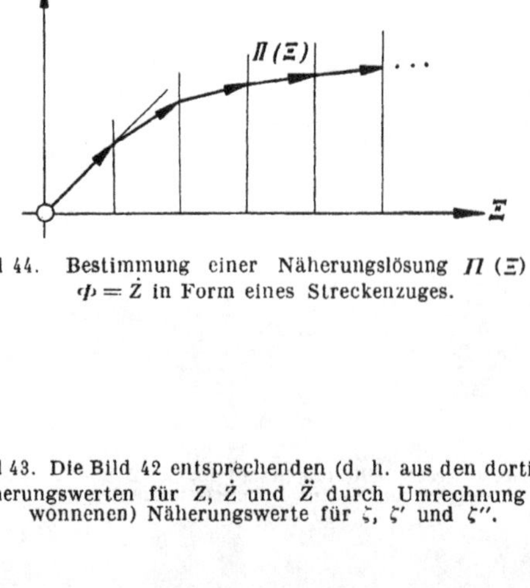

Bild 44. Bestimmung einer Näherungslösung $\Pi(\Xi)$ für $\Phi = \dot{Z}$ in Form eines Streckenzuges.

tegriert von Ξ_0 bis ∞, so erhält man

$$\Phi(\infty) - \Phi(\Xi_0) \leqq \frac{e^{-B}}{B'} \quad . \; . \; . \; (124)$$

und kann somit abschätzen, um wieviel Φ höchstens noch wächst, wenn man es über Ξ_0 hinaus sich fortgesetzt denkt.

d) Reihenentwicklungen im Endlichen.

57. Schließlich erwähnen wir noch, daß man die Diff.-Gl. (111) in der Umgebung des Nullpunktes auch leicht durch eine Reihenentwicklung lösen kann, die so lautet:

$$\left.\begin{aligned} Z &= \sum_0^\infty (-1)^n a_n \frac{\Xi^{3n+2}}{(3n+2)!} \\ &= a_0 \frac{\Xi^2}{2!} - a_1 \frac{\Xi^5}{5!} + a_2 \frac{\Xi^8}{8!} - + \ldots \\ \text{wo} \quad & \\ a_{n+1} &= \sum_{s=0}^{n} \binom{3n+2}{3s} a_s a_{n-s}; \; a_0 = 1 \end{aligned}\right\} (125)$$

Hieraus folgt durch Differentiation

$$\dot{Z} = \Phi = \sum_0^\infty (-1)^n a_n \frac{\Xi^{3n+1}}{(3n+1)!} = a_0 \frac{\Xi^1}{1!} - a_1 \frac{\Xi^4}{4!} + a_2 \frac{\Xi^7}{7!} - + \ldots \quad . \; . \; . \; . \; (126)$$

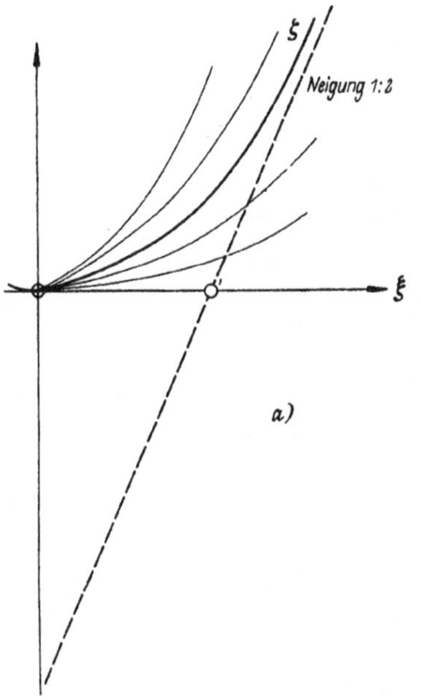

Bild 45a. Die Lösung ζ (dick ausgezogen) ist unter den Kurven der einparametrigen Schar dadurch charakterisiert, daß sie eine Asymptote der Neigung 1:2 besitzt.

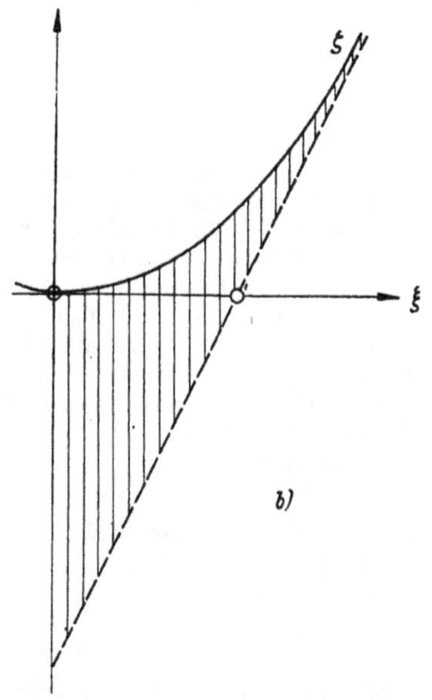

Bild 45b. Die Lösung ζ, bezogen auf ihre Asymptote (die Abstände sind durch die eingezeichneten „Stäbchen" gegeben).

Die Anfangskoeffizienten lauten

$$a_0 = 1, \; a_1 = 1, \; a_2 = 11, \; a_3 = 375, \; a_4 = 27897 \quad (127)$$

Für die ursprüngliche Lösung ζ und $\zeta' = \varphi$ der Diff.-Gl. (93) folgen hieraus die entsprechenden Entwicklungen

$$\beta Z = \zeta = \beta \sum_0^\infty (-1)^n a_n \frac{(\beta\xi)^{3n+2}}{(3n+2)!} \quad . \; . \; . \; (128)$$

$$\beta^2 \dot{Z} = \zeta' = \beta^2 \sum_0^\infty (-1)^n a_n \frac{(\beta\xi)^{3n+1}}{(3n+1)!} \quad . \; . \; . \; (129)$$

d. h.:

$$\frac{u}{\bar{u}} = \frac{\beta^2}{2} \left\{ \sigma \frac{y^1}{1!} - \sigma^4 \frac{y^4}{4!} + 11\,\sigma^7 \frac{y^7}{7!} - + \ldots \right\} \text{mit } \sigma = \frac{\beta}{2} \sqrt{\frac{\bar{u}}{\nu \cdot x}} \quad . \; . \; . \; (129\,\mathrm{a})$$

58. Blasius hat seinerzeit bei der Lösung der Diff.-Gl. (95) zwei Reihenentwicklungen benutzt: eine im Endlichen um $\xi = 0$, die ihn — nach Befriedigung der beiden Randbedingungen im Endlichen $\zeta = 0$, $\zeta' = 0$ für $\xi = 0$ — zu der Entwicklung (128) mit β als Integrationskonstante führte, und eine asymptotische Entwicklung im Unendlichen, in der — nach Befriedigung der dort vorgeschriebenen Randbedingung $\zeta' \to 2$ für $\xi \to \infty$ — noch zwei Integrationskonstanten vorkamen. Alles in allem standen ihm so drei Integrationskonstanten zur Verfügung, die er dadurch bestimmte, daß er beide Entwicklungen an einem passenden Zwischenpunkte im Funktionswert, erstem und zweitem Diff.-Quotienten zur Übereinstimmung brachte. Auf Grund der Diff.-Gl. (93) herrschte dann dort von selbst auch Übereinstimmung in allen höheren Diff.-Quotienten, womit die Lösung ζ gefunden war. — Der Vollständigkeit halber sei in unserem Zusammenhang auf diese asymptotische Lösung noch kurz eingegangen.

e) Asymptotische Näherungen im Unendlichen.

59. Durch Erfüllung der beiden Randbedingungen im Endlichen gelangten wir früher mittels der Gl. (98) zu einer

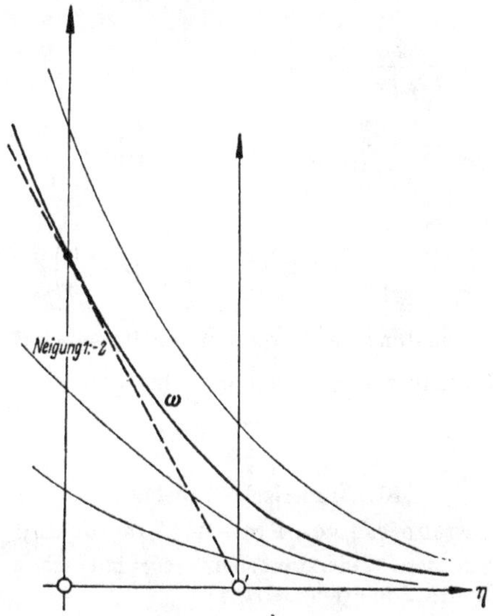

Bild 46a. Das Bild zeigt dann in der Auffassung von Bild 46b die Lösung ω (dick ausgezogen), nun aber eingebettet in eine andere einparametrige Schar von Kurven, unter denen die Lösung ω dadurch charakterisiert ist, daß man an sie vom Ursprung 0 aus eine Tangente von der Neigung 1 : — 2 legen kann.

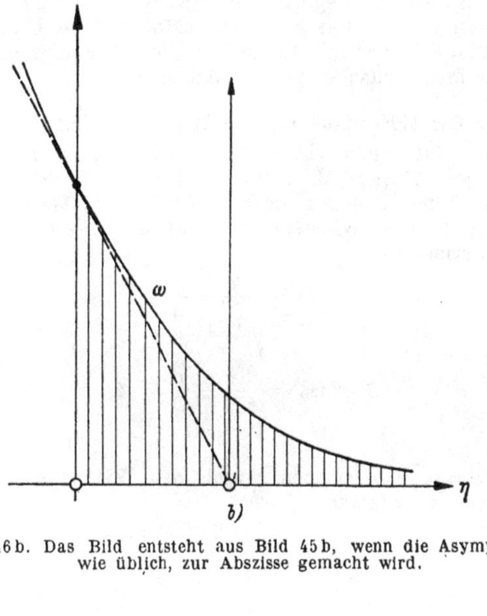

Bild 46b. Das Bild entsteht aus Bild 45b, wenn die Asymptote, wie üblich, zur Abszisse gemacht wird.

einparametrigen Schar von Kurven φ bzw. ζ (mit γ als Parameter), in welche die gesuchte Lösung eingebettet war: Jede der Kurven ζ kann leicht schrittweise konstruiert werden und hat im Unendlichen eine Asymptote von einer bestimmten Neigung m, speziell die gesuchte Lösung, eine Asymptote der Neigung 2 (Bild 45a).

Betrachten wir nun diese Lösungskurve nicht mehr als das Bild der Funktion ζ über der ξ-Achse, sondern als das Bild einer neuen Funktion ω über der Asymptote als η-Achse und O' als Ursprung (wo O' der Schnittpunkt der Asymptote mit der ξ-Achse ist, wie in Bild 45a gezeichnet), so daß der Funktionswert also durch die Länge der in Bild 45b gezeichneten vertikalen Stäbchen gegeben ist, so erhalten wir, wenn wir wieder wie üblich die Funktionswerte senkrecht über der Abszissenachse, d. h. jetzt der η-Achse, auftragen, das Bild 46b. Der Zusammenhang zwischen ζ und ω ist gegeben durch

$$\zeta = \omega + 2\eta \quad \ldots \ldots \ldots \quad (130)$$

woraus folgt, daß ω der Diff.-Gl.

$$\left.\begin{array}{l} \omega''' = -\{2\eta + \omega\}\,\omega'' \quad \text{mit den Randbedingungen} \\ \quad 1)\ \omega \to 0 \\ \quad\quad\quad \text{für } \eta \to \infty \\ \quad 2)\ \omega' \to 0 \end{array}\right\} \quad (131)$$

genügt. Man sieht: Jetzt erscheint die Lösung ω in eine andere ebenfalls einparametrige Kurvenschar eingebettet, die sich aus der Integration der Diff.-Gl. (131) ergibt: Unter allen diesen Kurven ist die Lösungskurve dadurch charakterisiert, daß man an sie vom Ursprung O' aus eine Tangente von der Neigung (—2) legen kann (Bild 46a).

Aus (131) folgert man ähnlich wie früher durch Erfüllung der zweiten Grenzbedingung die Bestimmungsgleichung

$$\omega' = -\varkappa \int_{\eta}^{\infty} d\tau\, e^{-\tau^2} \cdot e^{\int_{\tau}^{\infty} \omega(\sigma)\, d\sigma} \qquad \text{Randbeding.: } \omega(\infty) = 0 \quad (132)$$

mit $\varkappa$ als Integrationskonstanter, welche wieder erlaubt, jedes solche ω näherungsweise zu konstruieren: Ersetzt man nämlich von einem genügend großen η_0 an ω einfach durch 0, so gelangt man auf Grund von (132) rückwärts beginnend — in derselben Weise wie früher — zu einem gebrochenen Linienzug, der ω um so besser annähern wird, je größer η_0 schon gewählt war und je kleiner die einzelnen Schritte gemacht wurden. Auch kann man ganz ähnlich wie früher eine solche gewonnene Näherung verbessern..., (Bild 47).

Rein begrifflich ist also diese zweite Lösungsmethode, d. h. die Ausscheidung der Lösungskurve aus der einparametrigen Schar von Bild 46a ebenso einfach, wie die frühere Methode, bei welcher die Lösung aus der einparametrigen Schar von Bild 45a ausgesondert wurde. Während wir jedoch früher die Integration aller Kurven von Bild 45a auf die Integration einer Kurve zurückführen konnten, ist dies jetzt im Falle von Bild 46a nicht mehr oder wenigstens nicht mehr in so einfacher Weise möglich.

30. Der Widerstand und die Impulsverdrängungsdicke.

60. Hat man Φ, so auch speziell $\Phi(\infty)$ und damit β bzw. $\gamma = \zeta_0'' = \beta^3$, d. h. den Schub τ bzw. Widerstand W. Eine kleine Rechnung ergibt dann für den beiderseitigen Schub 2τ bzw. Widerstand $2W$ an bzw. bis zur Stelle x die Formeln:

$$2 \cdot \tau(x) = \frac{c}{\sqrt{\frac{\bar{u} \cdot x}{\nu}}} \frac{\varrho}{2} \bar{u}^2 \quad \ldots \ldots \ldots \quad (133)$$

$$2 \cdot W(x) = \frac{c}{\sqrt{\frac{\bar{u} \cdot x}{\nu}}} \frac{\varrho}{2} \bar{u}^2 \cdot 2x \quad \ldots \ldots \quad (134)$$

mit $c = \gamma$. c bezeichnen wir als den Widerstandsbeiwert. Man sieht noch, daß

$$2\,W(x) = 2\,\tau(x) \cdot 2x \quad \ldots \ldots \quad (135)$$

ist.

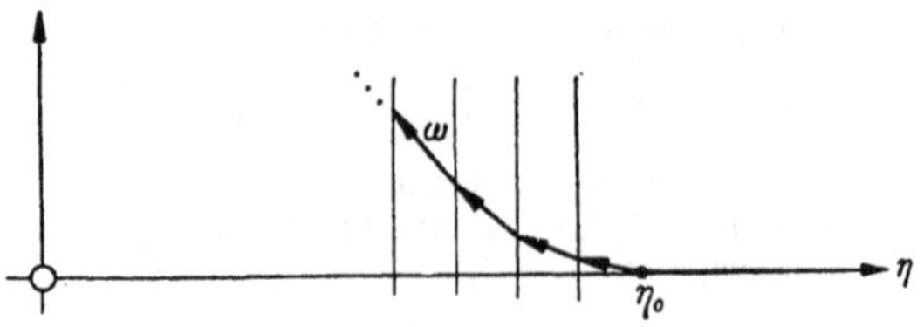

Bild 47. Bestimmung einer Näherungslösung für $\omega(\eta)$ in Form eines Streckenzuges.

Berechnet man den Widerstand $W(x)$ direkt aus der Beziehung

$$W(x) = \varrho \int_0^{\infty} u(\bar{u} - u)\, dy = \varrho\, \bar{u}^2 \int_0^{\infty} \frac{u}{\bar{u}} \left(1 - \frac{u}{\bar{u}}\right) dy \quad (136)$$

so erhält man mit $y = \left(2\xi \Big/ \sqrt{\frac{\bar{u} \cdot x}{\nu}}\right) \cdot x$ und $\frac{u}{\bar{u}} = \frac{\zeta'}{2}$:

$$W(x) = \frac{\varrho}{2} \bar{u}^2 \cdot x \cdot \frac{1}{\sqrt{\frac{\bar{u} \cdot x}{\nu}}} \cdot 4 \int_0^{\infty} \frac{\zeta'}{2} \left(1 - \frac{\zeta'}{2}\right) d\xi \quad (137)$$

woraus folgt, daß

$$c = 4 \cdot \int_0^{\infty} \frac{\zeta'}{2} \left(1 - \frac{\zeta'}{2}\right) d\xi \quad \ldots \ldots \quad (138)$$

ist. In der Tat folgt daraus mittels partieller Integration sofort

$$c = \zeta(2 - \zeta') \Big|_0^{\infty} - \int_0^{\infty} \zeta(-\zeta'')\, d\xi \quad \ldots \quad (138\text{a})$$

Wegen des exponentiellen Abklingens von $2 - \zeta'$ auf 0 verschwindet hierin der erste Teil an der oberen Grenze; außerdem verschwindet er auch an der unteren Grenze; der zweite ergibt dann auf Grund der Diff.-Gl.

$$\zeta''' = -\zeta\,\zeta''$$

sofort wieder

$$c = (-\zeta'') \Big|_0^{\infty} = \zeta_0'' \quad \ldots \ldots \quad (138\text{b})$$

Das in (136) rechts auftretende Integral sei in Analogie zu der später erörterten Verdrängungsdicke d^* als Impulsverdrängungsdicke d^{**} bezeichnet:

$$d^{**}(x) = \int_0^{\infty} \frac{u}{\bar{u}} \left(1 - \frac{u}{\bar{u}}\right) dy \quad \ldots \ldots \quad (139)$$

vermöge $y = \frac{2\xi}{\sqrt{Re}} \cdot x$ erhält man hieraus

$$d^{**}(x) = \frac{2x}{\sqrt{Re}} \int_0^{\infty} \frac{u}{\bar{u}} \left(1 - \frac{u}{\bar{u}}\right) d\xi \quad \ldots \ldots \quad (140)$$

bzw.

$$\frac{d^{**}(x)}{x} = \frac{2\,\delta^{**}}{\sqrt{Re}} \quad \text{mit } \delta^{**} = \int_0^{\infty} \frac{u}{\bar{u}} \left(1 - \frac{u}{\bar{u}}\right) d\xi \quad (140\text{a})$$

wo δ^{**} als ein dimensionsloses Maß für d^{**} aufgefaßt werden kann. Ersetzung von $\frac{u}{\bar{u}}$ durch $\frac{\zeta'}{2}$ in (139) zeigt, daß

$$4\,\delta^{**} = c \quad \ldots \ldots \ldots \ldots \quad (141)$$

ist.

31. Numerische Ergebnisse.

a) Die Ergebnisse von Prandtl, Blasius und Töpfer.

61. Für den Widerstandsbeiwert c hat schon Prandtl seinerzeit den Näherungswert

$$c = 1{,}1 \quad \ldots \ldots \ldots \ldots \quad (142)$$

mitgeteilt. Blasius, der als erster die Rechnung genauer durchführte, gab die Schranken

$$1{,}326 \leq c \leq 1{,}327 \quad \ldots \ldots \ldots \quad (143)$$

und Töpfer auf Grund einer sehr genauen numerischen Integration der Diff.-Gl. (111) nach dem Runge-Kutta-Verfahren bis zur Stelle $\Xi = 4{,}6$ den Näherungswert

$$\left.\begin{array}{ll} \Phi(4{,}6) = 1{,}655\,180 & \text{für } \Phi(\infty) \text{ und damit} \\ \left\{\dfrac{2}{\Phi(4{,}6)}\right\}^{3/2} = 1{,}328\ldots & \text{für } \left\{\dfrac{2}{\Phi(\infty)}\right\}^{3/2} = c \end{array}\right\} \ldots \quad (144)$$

In derselben Rechnung gelangte Töpfer für Z, $\dot Z = \Phi$, $\ddot Z = \dot\Phi$ zu den Näherungswerten an der Stelle $\Xi = 4{,}6$:

$$\left.\begin{array}{r} Z = 6{,}048\,429 \\ \dot Z = \Phi = 1{,}655\,180 \\ \ddot Z = \dot\Phi = 0{,}000\,011 \end{array}\right\} \ldots \ldots \quad (145)$$

mit folgender Genauigkeitsangabe: Die ersten vier Stellen sind genau, in der fünften Stelle ist eine Trübung um eine Einheit möglich. Leider sind die von Töpfer berechneten Zwischenwerte nicht veröffentlicht worden.

b) Angabe der Näherungslösung, die speziell für den späteren Vergleich zwischen theoretischer und experimenteller Geschwindigkeitsverteilung benutzt wird.

62. Die näherungsweise Berechnung von Φ in Form der oben erwähnten Polygonzüge $\overset{(1)}{\Pi}$ und $\overset{(2)}{\Pi}$ durch Mohr ergab an der Stelle $\Xi = 4{,}6$ die Werte

$$\left.\begin{array}{r} \overset{(1)}{\Pi}(4{,}6) = 1{,}701 \\ \overset{(2)}{\Pi}(4{,}6) = 1{,}626 \end{array}\right\} \ldots \ldots \ldots \quad (146)$$

mithin das arithmetische Mittel

$$\frac{1}{2}\left\{\overset{(1)}{\Pi} + \overset{(2)}{\Pi}\right\} = 1{,}664 \text{ für } \Xi = 4{,}6 \ldots \ldots \quad (147)$$

das also nach Töpfers genauem Resultat (145) $\Phi(\infty)$ bereits bis auf 0,9% genau wiedergibt. Zahlentafel 3a gibt für Z, $\dot Z = \Phi$ und $\ddot Z = \dot\Phi$ die Werte an, welche aus dem erwähnten arithmetischen Mittel folgen. Bild 48 zeigt die Liniendarstellung. — Für Z hat man danach an der Stelle $\Xi = 4{,}6$ den Näherungswert

$$\frac{1}{2}\left\{\overset{(1)}{Z} + \overset{(2)}{Z}\right\} = 6{,}074 \ldots \ldots \ldots \quad (148)$$

gegenüber Töpfers genauem Ergebnis

$$Z = 6{,}048 \ldots \ldots \ldots \ldots \quad (149)$$

der also, wie man sieht, bis auf 2,6% genau ist.

c) Weitere Zahlenangaben für diese Näherungslösung und Diskussion ihrer Genauigkeit.

63. Führt man den Näherungswert (147) in die Beziehung

$$\beta = \left\{\frac{2}{\Phi(\infty)}\right\}^{1/2}$$

ein, so gelangt man zu den folgenden Näherungswerten für $\beta, \frac{1}{\beta} \ldots$

$$\left.\begin{array}{l|l} \beta = 1{,}096 & 1/\beta = 0{,}912 \\ \beta^2 = 1{,}202 & 1/\beta^2 = 0{,}832 \\ \gamma = \beta^3 = 1{,}318 & 1/\beta^3 = 0{,}759 \end{array}\right\} \ldots \ldots \quad (150)$$

Zahlentafel 3a.

Ξ	Z	$\dot Z$	$\ddot Z$
0,0	0,000	0,000	1,000
0,1	0,005	0,100	1,000
0,2	0,020	0,200	0,998
0,3	0,045	0,300	0,994
0,4	0,080	0,399	0,987
0,5	0,125	0,498	0,976
0,6	0,179	0,595	0,960
0,7	0,244	0,691	0,938
0,8	0,317	0,784	0,911
0,9	0,400	0,875	0,877
1,0	0,492	0,962	0,836
1,1	0,593	1,045	0,790
1,2	0,701	1,123	0,739
1,3	0,817	1,197	0,682
1,4	0,940	1,264	0,623
1,5	1,070	1,326	0,561
1,6	1,205	1,381	0,499
1,7	1,346	1,430	0,437
1,8	1,491	1,473	0,378
1,9	1,640	1,510	0,321
2,0	1,793	1,542	0,269
2,1	1,948	1,568	0,222
2,2	2,106	1,590	0,180
2,3	2,266	1,607	0,144
2,4	2,427	1,621	0,113
2,5	2,590	1,632	0,087
2,6	2,754	1,641	0,066
2,7	2,918	1,647	0,050
2,8	3,083	1,653	0,036
2,9	3,248	1,655	0,026
3,0	3,414	1,658	0,019
3,1	3,580	1,660	0,013
3,2	3,746	1,661	0,009
3,3	3,912	1,662	0,006
3,4	4,078	1,662	0,004
3,5	4,244	1,663	0,003
3,6	4,411	1,663	0,002
3,7	4,577	1,663	0,001
3,8	4,743	1,663	0,001
3,9	4,910	1,663	0,000
4,0	5,076	1,663	0,000
4,1	5,242	1,664	0,000
4,2	5,409	1,664	0,000
4,3	5,575	1,664	0,000
4,4	5,742	1,664	0,000
4,5	5,908	1,664	0,000
4,6	6,074	1,664	0,000

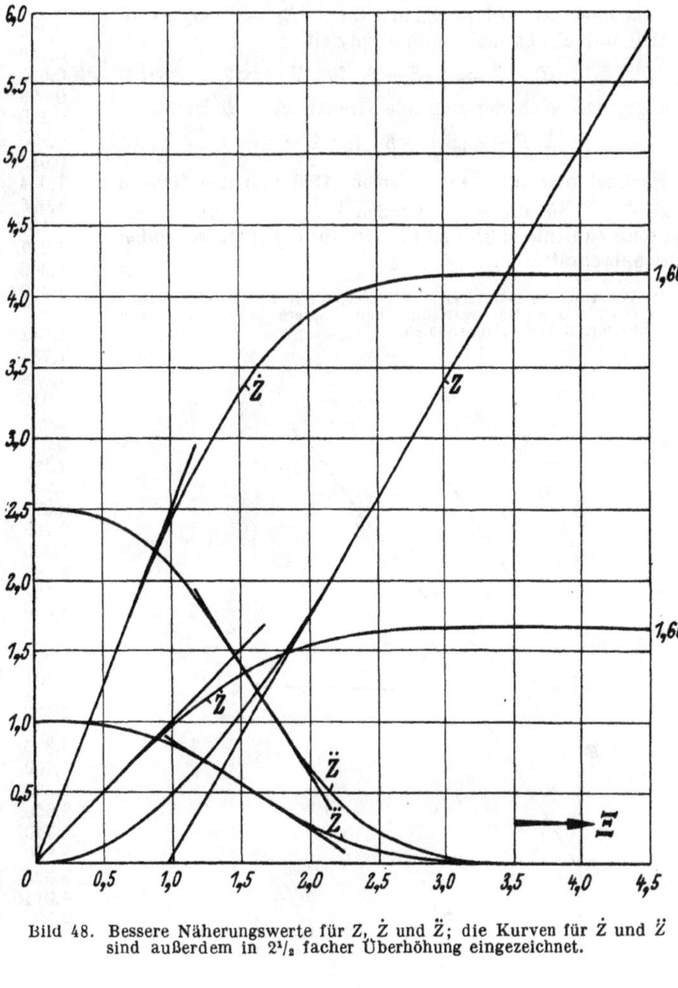

Bild 48. Bessere Näherungswerte für Z, $\dot Z$ und $\ddot Z$; die Kurven für $\dot Z$ und $\ddot Z$ sind außerdem in $2^1/_2$ facher Überhöhung eingezeichnet.

Da — wie weiter unten gezeigt werden wird — der wahre Widerstandsbeiwert auf drei Dezimalen genau = 1,328 ist, so sieht man speziell, daß der obengenannte Näherungswert

$$\gamma = 1{,}318 \quad \ldots\ldots\ldots \quad (150\,\text{a})$$

den wahren Wert bis auf 1% genau wiedergibt.

Für die Achsenabschnitte A, B, welche die Asymptote an die Z-Kurve in Bild 49 bildet und welche offenbar durch die Beziehungen

$$\left.\begin{aligned} B &= \lim \left\{\dot{Z}(\infty)\,\Xi - Z(\Xi)\right\} \quad \text{für } \Xi \to \infty \\ A &= \frac{B}{\dot{Z}(\infty)} \end{aligned}\right\} \quad \ldots \quad (151)$$

gegeben sind, erhält man weiter näherungsweise

$$\left.\begin{aligned} B &= \left\{\dot{Z}(4{,}6)\cdot 4{,}6 - Z(4{,}6)\right\} = 1{,}580 \\ A &= \frac{B}{\dot{Z}(4{,}6)} = 0{,}950 \end{aligned}\right\} \quad \ldots \quad (152)$$

Dieselben Werte erhält man auch aus der Zeichnung: Trägt man die Kurve Z in passender Größe auf[11]), so sieht man, daß von der Stelle $\Xi = 4{,}0$ ab die Punkte auf einer Geraden von der Neigung 1,664 liegen; in der Tat ist z. B. die Steigung zwischen diesem Punkte und dem Punkte über 4,5 gemäß Zahlentafel 3a

$$\text{Steigung} = \frac{5{,}908 - 5{,}076}{0{,}5} = \frac{0{,}832}{0{,}5} = 1{,}664.$$

Verlängert man diese Verbindungslinie vor- und rückwärts und sieht die so entstehende Gerade als die Asymptote an, so erhält man wieder den Näherungswert

$$A = 0{,}950 \quad \ldots\ldots\ldots \quad (154\,\text{a})$$

und damit

$$B = 1{,}580 \quad \ldots\ldots\ldots \quad (154\,\text{b})$$

Folgendes sei noch erwähnt: Da $\dot{Z}(\Xi) - \dot{Z}(\infty)$ exponentiell mit Ξ abklingt, mithin speziell

$$\left\{\dot{Z}(\Xi) - \dot{Z}(\infty)\right\}\cdot \Xi \to 0 \quad \text{für } \Xi \to \infty \quad \ldots \quad (155)$$

so folgt, daß auch der folgende Grenzwert $= B$ ist:

$$\left\{\dot{Z}(\Xi)\,\Xi - Z(\Xi)\right\} \to B \quad \text{für } \Xi \to \infty \quad \ldots \quad (156)$$

Rechnet man mit den β-Werten (150) von den Größen Ξ, Z, $\dot{Z}$, ... auf die neuen Größen ξ, ζ, ζ', ... um, so erhält man Zahlentafel 3b und Bild 50; für die entsprechenden Achsenabschnitte

[11]) Die von uns benutzten Millimeterpapiere hatten eine Größe von 45:60 cm und die logarithmischen Papiere eine solche von 30:20 cm mit 3 bzw. 2 log-Skalen.

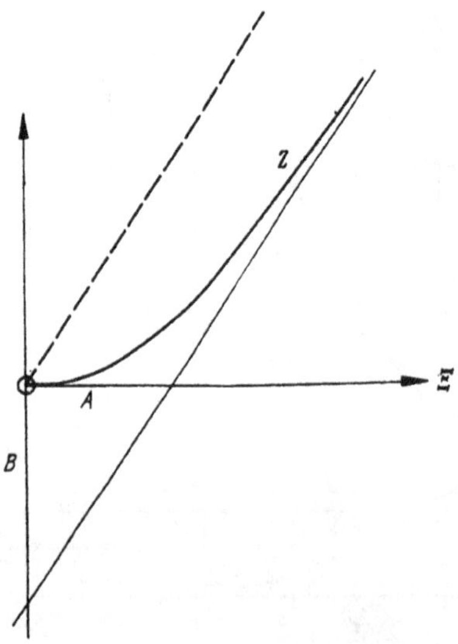

Bild 49. Zur Bestimmung der Achsenabschnitte A und B, welche zu der Asymptote an die Z-Kurve gehören.

$$\left.\begin{aligned} b &= \lim \left\{\zeta'(\infty)\,\xi - \zeta(\xi)\right\} = \beta\cdot B \quad \text{für } \xi \to \infty \\ a &= \frac{b}{\zeta'(\infty)} = \frac{A}{\beta} \end{aligned}\right\} \quad (157)$$

hat man als Näherungswerte

$$\left.\begin{aligned} a &= 0{,}867 \\ b &= 1{,}731 \end{aligned}\right\} \quad \ldots\ldots\ldots \quad (158)$$

Wieder ist b auch durch den Grenzwert

$$b = \lim \left\{\zeta'(\xi)\cdot\xi - \zeta(\xi)\right\} \quad \text{für } \xi \to \infty \ldots \quad (159)$$

gegeben.

64. Alle bisher gemachten Zahlenangaben (auch die von Töpfer) leiden an dem schon genannten Mangel, daß für sie der etwa begangene Fehler nicht angegeben worden ist bzw. nicht angegeben werden konnte. Diesen abzuschätzen gestattet nun aber gerade das oben erwähnte Rechenverfahren. In Verbindung mit den genauen Töpferschen Werten (145) gelangt man dann auf diese Weise zu sehr engen Schranken für den Widerstandsbeiwert c, ... Erst durch diese genauen Werte ist dann auch ein strenger Vergleich zwischen Theorie und Experiment möglich. Nur in bezug auf die Geschwindigkeitsverteilung sind wir gezwungen, den Vergleich mit unserer Näherung für $\frac{1}{2}\zeta'$ in Zahlentafel 3b und Bild 50 durchzuführen, da die diesbezüglichen genauen Werte von Töpfer nicht bekannt sind. Hierzu ist

Zahlentafel 3b.

$\xi = \frac{\Xi}{\beta}$	$\zeta = \beta Z$	$\zeta' = \beta^2 \dot{Z}$	$\zeta'' = \beta^3 \ddot{Z}$	ξ	$\frac{1}{2}\zeta'$
0,000	0,000	0,000	1,318	0,000	0,000
0,091	0,005	0,120	1,318	0,091	0,060
0,182	0,022	0,240	1,315	0,182	0,120
0,274	0,049	$0{,}360_5$	1,310	0,274	0,185
0,365	0,088	0,479	1,300	0,365	0,239
0,456	0,137	0,598	1,286	0,456	0,299
0,547	0,196	0,715	1,265	0,547	0,357
0,638	0,267	0,834	1,236	0,638	0,417
0,730	0,348	0,942	1,200	0,730	0,471
0,820	0,438	1,052	1,155	0,820	0,526
0,912	0,539	1,156	1,101	0,912	0,578
1,004	0,650	1,256	1,041	1,004	0,628
1,095	0,768	1,350	0,974	1,095	0,675
1,186	0,896	1,440	0,898	1,186	0,720
1,277	1,030	1,519	0,821	1,277	0,759
1,369	1,174	1,594	0,739	1,369	0,797
1,460	1,321	1,660	0,657	1,460	0,830
1,551	1,476	1,720	0,576	1,551	0,860
1,642	1,635	1,770	0,498	1,642	0,885
1,734	1,798	1,815	0,423	1,734	0,907
1,824	1,966	1,854	0,354	1,824	0,927
1,916	2,135	1,884	0,292	1,916	0,942
2,007	2,309	1,910	0,237	2,007	0,955
2,099	2,484	1,932	0,190	2,099	0,966
2,190	2,660	1,950	0,149	2,190	0,975
2,280	2,840	1,962	0,115	2,280	0,981
2,371	3,020	1,972	0,087	2,371	0,986
2,463	3,200	1,980	0,066	2,463	0,990
2,555	3,381	1,986	0,047	2,555	0,993
2,645	3,560	1,990	0,034	2,645	0,995
2,738	3,744	1,992	0,025	2,738	0,996
2,829	3,925	1,995	0,017	2,829	0,997
2,920	4,108	1,996	0,012	2,920	$0{,}998_5$
3,010	4,289	1,997	0,008	3,010	$0{,}998_5$
3,101	4,472	1,997	0,005	3,101	$0{,}998_5$
3,192	4,655	1,998	0,004	3,192	0,999
3,284	4,836	1,998	0,003	3,284	0,999
3,375	5,02	1,998	0,001	3,375	0,999
3,469	5,20	1,998	0,001	3,469	0,999
3,559	5,38	1,998	0,000	3,559	0,999
3,650	5,56	1,998		3,650	0,999
3,740	5,74	2,000		3,740	1,000
3,830	5,93	2,000		3,830	1,000
3,922	6,11	2,000		3,922	1,000
4,014	6,29	2,000		4,014	1,000
4,105	6,48	2,000		4,105	1,000
4,196	6,66	2,000		4,196	1,000

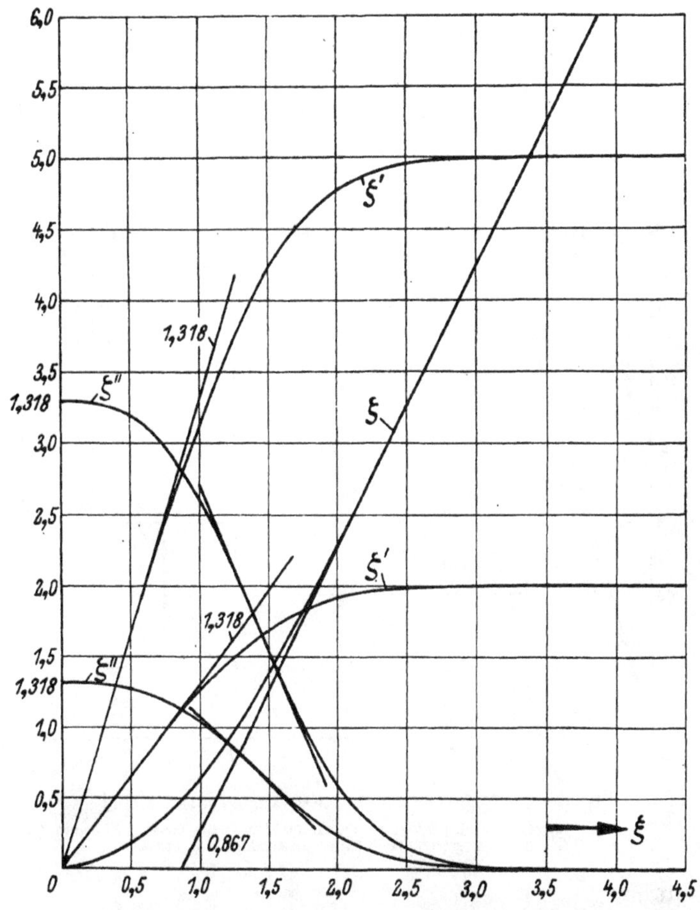

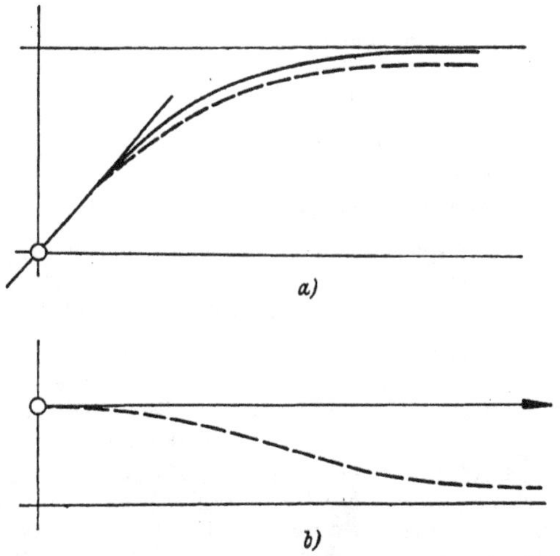

Bild 51a und 51b. 1. Fall: $\delta\dot{Z}$ wechselt nicht sein Vorzeichen, ist also $\leqq 0$.

Bild 50 (links). Die Bild 48 entsprechenden (besseren) Näherungen für ζ, ζ' und ζ''; ζ' und ζ'' sind wieder auch in $2^1/_2$ facher Überhöhung eingetragen.

aber weiter nötig, daß wir uns über die Genauigkeit, mit welcher diese Näherung gegeben ist, Rechenschaft ablegen.

65. Bedeuten in der Beziehung

$$\frac{\zeta'}{2} = \frac{\beta^2}{2}\dot{Z} \quad . \; . \; . \; . \; . \; . \; . \; . \; . \quad (160)$$

die angeschriebenen Größen unsere diesbezüglichen Näherungen, so folgt hieraus — wenn wir durch das Zeichen δ die Differenz »wahrer Wert — Näherungswert« andeuten und die Tatsache hier vorwegnehmen, daß der genaue Wert von $\frac{\beta^2}{2}$ auf drei Dezimalen genau 0,604 ist (vgl. (168))

$$\delta\left(\frac{\zeta'}{2}\right) = \delta\left(\frac{\beta^2}{2}\right)\cdot\dot{Z} + \frac{\beta^2}{2}\cdot\delta(\dot{Z}) \quad . \; . \; . \; . \; . \quad (161)$$

wo nach (150) $\frac{\beta^2}{2} = 0{,}601$ und $\delta\left(\frac{\beta^2}{2}\right) = 0{,}003$ ist; ferner ist nach dem Früheren für $\Xi = 4{,}6$ die Änderung $\delta\dot{Z} = -0{,}009$ (vgl. (145) und (147)). Für $\Xi = 4{,}6$ folgt mithin

$$\delta\frac{\zeta'}{2} = 0{,}003 \quad 1{,}664 - 0{,}601 \quad 0{,}009 = -0{,}0004 \quad (162)$$

Unter Beachtung, daß wir stets nur drei Dezimalen berücksichtigt haben, gilt also

$$\delta\left(\frac{\zeta'}{2}\right) = 0 \quad . \; . \; . \; . \; . \; . \; . \; . \; . \quad (162\,\mathrm{a})$$

d. h. an der Stelle 4,6 ist unsere Näherung genau, was wir auch von vornherein wissen konnten, war doch β gerade aus unserer Näherung $\dot{Z}$ gewonnen. Für die weitere Diskussion sind nun zwei gleichwahrscheinliche Möglichkeiten gegeben: 1) $\delta\dot{Z}$ wechselt nie sein Vorzeichen, ist also stets $\leqq 0$ (Bild 51a und 51b) oder 2) $\delta\dot{Z}$ wechselt sein Vorzeichen, ist also an einer passenden Zwischenstelle (die ungefähr bei $\Xi = 2{,}2$ liegen dürfte) $= 0$ (Bild 52a und 52b).

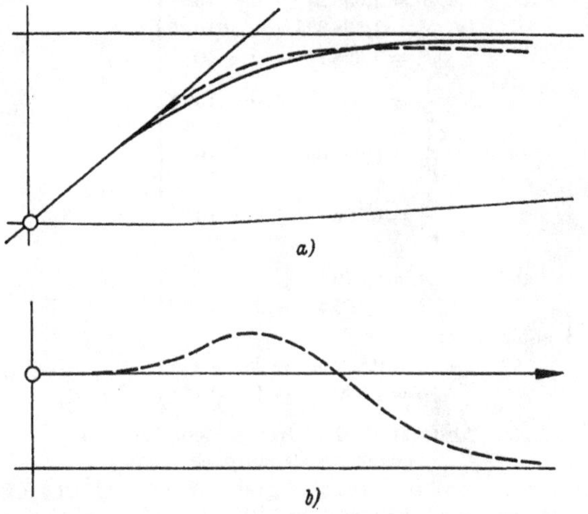

Bild 52a und 52b. 2. Fall: $\delta\dot{Z}$ wechselt sein Vorzeichen und ist also an einer passenden Zwischenstelle (ungefähr bei $\Xi = 2{,}2$) $= 0$.

Im ersten Falle kann man sicher mit guter Annäherung

$$\delta\dot{Z} = -0{,}009\,\frac{1 + \mathfrak{Tg}\,\{2\,(\Xi - 2)\}}{2} \quad . \; . \; . \quad (163)$$

setzen und schließt dann leicht, daß $\delta\frac{\zeta'}{2}$ sein Maximum 0,003 für $\Xi = 1{,}4$, d. h. $\xi = 1{,}277$ annimmt. Dies würde auch ganz damit übereinstimmen, daß die Tangente an unsere Näherung um 0,005 zu tief liegt. Im zweiten Falle ergibt sich für die Nullstelle von $\delta\dot{Z}$ (für $\Xi \approx 2{,}2$) bereits

$$\delta\left(\frac{\zeta'}{2}\right) = 0{,}003 \quad 1{,}590 = 0{,}005 \quad . \; . \; . \; . \; . \quad (164)$$

so daß man nicht viel fehlgehen dürfte, wenn man hier für die maximale Abweichung

$$\delta\left(\frac{\zeta'}{2}\right) = 0{,}006 \quad . \; . \; . \; . \; . \; . \; . \; (165)$$

annimmt, also einen Wert, der doppelt so groß ist wie der entsprechende im ersten Fall.

Bild 53 zeigt unsere Näherung $\frac{\zeta'}{2}$; außerdem ist zum Vergleich die entsprechende Linie der ganz zu Anfang mittels der Differenzengl. (113) gewonnenen groben Näherung gestrichelt eingezeichnet.

d) Angabe von sehr genauen Schranken für die einzelnen Größen, speziell für den Widerstandsbeiwert, unter Berufung auf Töpfers Ergebnis.

66. Wendet man die durch (123) gegebene Abschätzung, in welcher für B und B' leicht untere Schranken angegeben werden können, an, so kann man den Fehler abschätzen, den man begeht, wenn man in (144) $\Phi(\infty)$ durch $\Phi(4{,}6)$ ersetzt hat. Man erhält

$$\frac{e^{-B}}{B'} \leqq 4{,}8 \quad 10^{-6} \quad . \; . \; . \; . \; . \; . \; (166)$$

Indem wir uns jetzt auf den genauen Wert

$$\dot{Z}(4{,}6) = 1{,}655\,180$$

von Töpfer stützen, gelangen wir für $c = \gamma$ zu den Schranken

$$1{,}328\,22 \leqq c \leqq 1{,}328\,26 \quad . \; . \; . \; . \; . \; (167)$$

oder

$$c = 1{,}328\,24 \pm 2 \quad 10^{-5} \quad . \; . \; . \; . \; (167\,a)$$

wo also die 4. Dezimale noch gesichert und erst in der 5. eine Trübung um zwei Einheiten möglich ist.

Ähnlich hat man — unter Wiederholung von (167a) für $c = \gamma = \beta^3$ —

$$\left.\begin{aligned} \beta &= 1{,}099\,24 \pm 0{,}6 \cdot 10^{-5} \\ \beta^2 &= 1{,}208\,326 \pm 1 \cdot 10^{-5} \\ \beta^3 &= 1{,}328\,24 \pm 2 \cdot 10^{-5} \\ \frac{1}{\beta} &= 0{,}909\,72 \pm 0{,}4 \cdot 10^{-5} \\ \frac{1}{\beta^2} &= 0{,}827\,69 \pm 0{,}8 \cdot 10^{-5} \\ \frac{1}{\beta^3} &= 0{,}752\,877 \pm 0{,}9 \cdot 10^{-5} \end{aligned}\right\} \quad . \; . \; . \; . \; . \; . \; (168)$$

ferner

$$\left.\begin{aligned} A &= 0{,}945\,8 \pm 1 \cdot 10^{-4} \\ B &= 1{,}565\,4 \pm 1 \cdot 10^{-4} \end{aligned}\right\} \quad . \; . \; . \; . \; (169)$$

und entsprechend

$$\left.\begin{aligned} a &= 0{,}860\,42 \pm 1 \cdot 10^{-4} \\ b &= 1{,}720\,76 \pm 1{,}2 \cdot 10^{-4} \end{aligned}\right\} \quad . \; . \; . \; . \; (170)$$

32. Absteckung der Grenzschicht für eine gegebene Genauigkeit.

a) Nach außen durch die Grenzschichtdicke (obere Schrankenkurve für die Genauigkeitskurve).

67. Für $\frac{u}{\bar{u}}$ und $\frac{v}{\bar{u}}$ hat man die Formeln

$$\left.\begin{aligned} \frac{u}{\bar{u}} &= \frac{\beta^2}{2}\dot{Z} \text{ mit } \frac{\beta^2}{2} = \frac{1}{\Phi(\infty)} = \frac{1}{\dot{Z}(\infty)} \\ \frac{v}{\bar{u}} &= \frac{\frac{\beta}{2}}{\sqrt{\frac{\bar{u}\cdot x}{\nu}}}\left\{\dot{Z}\,\Xi - Z\right\} \end{aligned}\right\} \quad . \; . \; (171)$$

Aus der 1. Formel folgt für die relative Abweichung $\frac{\bar{u}-u}{\bar{u}}$:

$$\frac{\bar{u}-u}{\bar{u}} = \frac{\dot{Z}(\infty) - \dot{Z}(\Xi)}{\dot{Z}(\infty)} = \frac{\Phi(\infty) - \Phi(\Xi)}{\Phi(\infty)} \quad . \; . \; (172)$$

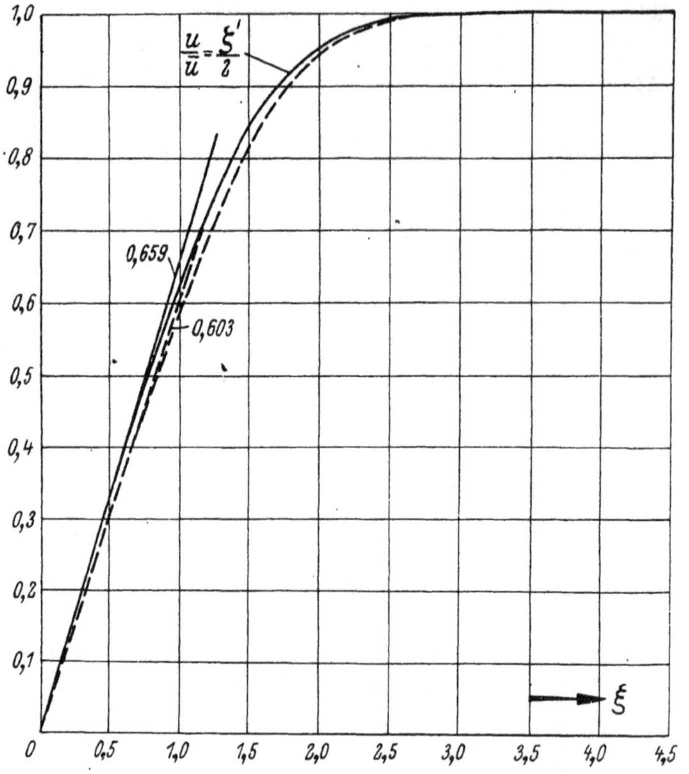

Bild 53. Die bessere Näherung für die Geschwindigkeitsverteilung $\frac{u}{\bar{u}} = \frac{1}{2}\zeta'$ nochmals herausgezeichnet und zum Vergleich damit die erste Näherung (mit Hilfe der Differenzenrechnung) gestrichelt eingetragen.

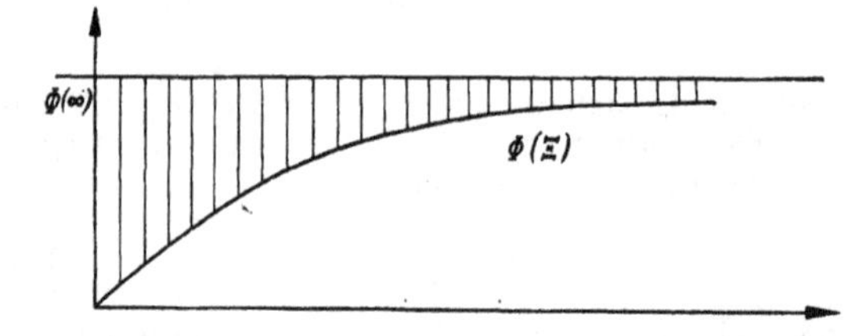

Bild 54. Die »Genauigkeitskurve« für die Geschwindigkeit u: Für jeden Wert des Parameters Ξ ist dieselbe durch das zugehörige »Stäbchen« gegeben. (Absteckung der Grenzschicht nach außen.)

und aus der 2. — unter Beachtung, daß $\{\dot{Z}\,\Xi - Z\}$ beständig wächst und nach (156) schließlich $= B$ wird —

$$\frac{v}{\bar{u}} \leqq \frac{\frac{1}{2}\beta \cdot B}{\sqrt{\frac{\bar{u}\,x}{\nu}}} = \frac{\frac{1}{2}b}{\sqrt{\frac{\bar{u}\,x}{\nu}}} \quad . \; . \; . \; . \; . \; (173)$$

wo nach (170)

$$\frac{1}{2}B = 0{,}782\,7 \pm 0{,}5 \cdot 10^{-4} \quad . \; . \; . \; . \; . \; (174)$$

$$\frac{1}{2}b = 0{,}860\,38 \pm 0{,}6 \cdot 10^{-4} \quad . \; . \; . \; . \; . \; (175)$$

Wir haben früher gesehen, daß innerhalb der Grenzschicht der Übergang von der Geschwindigkeit $u = 0$ an der Wand zur ungestörten Geschwindigkeit $\bar{u}$ der idealen Anströmung praktisch vollzogen wird. Wie dieses praktisch zu verstehen ist, wird von der Meßgenauigkeit abhängen. Beträgt diese wie bei den später zu besprechenden Messungen $\approx \frac{1}{2}$ %, so hat man die Grenzschicht von jenem $\Xi = \Xi_0$ an als beendet zu betrachten, von dem an die rechte Seite von (172) $\leqq 0{,}5 \cdot 10^{-2}$ ist. Allgemein gibt diese rechte Seite in Abhängigkeit von Ξ die »Genauigkeitskurve« für u. Wählt man $\Phi(\infty)$ als Einheit, so sind die Ordinaten dieser

Kurve durch die in Bild 54 eingezeichneten senkrechten Stäbchen gegeben. Da jedoch die in Zahlentafel 3a berechneten Φ-Werte selbst nur näherungsweise gelten (Fehler $\leqq 0{,}8\%$), so können wir praktisch selbst wieder nur eine obere Schranke

$$\frac{\Phi(\infty) - \Phi(\Xi)}{\Phi(\infty)} \leqq K(\Xi) \quad \ldots\ldots \quad (176)$$

für diese theoretische Genauigkeitskurve angeben. Diese wird ähnlich gewonnen wie die spezielle (und schon oben angegebene) Abschätzung (124) und (166) an der Stelle $\Xi = 4{,}6$; Zahlentafel 4 zeigt den Grad der relativen Annäherung von u an $\bar{u}$ in dem Bereich von $\Xi = 2{,}5$ bis $\Xi = 4{,}6$; dabei sind diese Schranken (da sie nur mit dem kleinen Hayaschi gewonnen worden sind) vergleichsweise etwas gröber als die in (166) angegebene. Die in Klammern gesetzten Zahlen geben die zugehörigen ξ-Werte an. (Die Erklärung der anderen Spalte in Zahlentafel 4 folgt gleich weiter unten.) Man sieht: Von $\Xi = 3{,}1$ (genauer von $\Xi = 3{,}05$ an, was dem Werte $\log Re = 4{,}47$ bzw. $Re = 2{,}95 \cdot 10^4$ entspricht; für $\Xi = 3{,}1$ beträgt die Annäherung genauer bereits $0{,}42\%$) an ist diese Annäherung schon besser als $\frac{1}{2}\%$; mithin ist bei der obengenannten Meßgenauigkeit von $\approx \frac{1}{2}\%$ die Grenzschicht nach der Y-Richtung hin durch die Parabel

$$\left.\begin{aligned} Y = 2\,\xi_0 \sqrt{X} = \frac{2\,\Xi_0}{\beta}\sqrt{X} \\ \text{mit } \Xi = 3{,}1 \\ \text{bzw. } \xi_0 = 2{,}8201 \end{aligned}\right\} \quad (177)$$

bzw.

$$y = 2\,\xi_0 \sqrt{\frac{\nu x}{\bar{u}}} = \frac{2\,\Xi_0}{\beta}\sqrt{\frac{\nu x}{\bar{u}}} = \frac{2\,\Xi_0}{\beta}\,\frac{1}{\sqrt{\frac{\bar{u}\cdot x}{\nu}}} \quad (177\,\text{a})$$

d. h.

$$y = 5{,}6402\sqrt{\frac{\nu x}{\bar{u}}}$$

abzustecken. Bild 55 gibt die zugehörige Liniendarstellung, bei welcher die Ordinaten als Vielfache von 10^{-2} im Intervall $2{,}5 \ldots 3{,}2$, von 10^{-3} im Intervall $3{,}2 \ldots 3{,}9$ und von 10^{-4} im Intervall $3{,}9 \ldots 4{,}6$ direkt eine Schranke für den Fehler in % bzw. ‰ bzw. ‱ (in den betreffenden Intervallen) liefern.

Zahlentafel 4.

Ξ (ξ)	K	Re ($\log Re$)
2,5 (2,2743)	0,03 128	$7{,}545 \cdot 10^2$ (2,87 768)
2,6 (2,3653)	0,02 303	$1{,}391 \cdot 10^3$ (3,14 354)
2,7 (2,4562)	0,01 674	$2{,}635 \cdot 10^3$ (3,42 080)
2,8 (2,5472)	0,01 202	$5{,}108 \cdot 10^3$ (3,70 832)
2,9 (2,6382)	0,00 8602	$9{,}973 \cdot 10^3$ (3,99 886)
3,0 (2,7292)	0,00 6002	$2{,}048 \cdot 10^4$ (4,31 146)
3,1 (2,8201)	0,00 4156	$4{,}271 \cdot 10^4$ (4,63 062)
3,2 (2,9111)	0,00 2827	$9{,}237 \cdot 10^4$ (4,96 556)
3,3 (3,0021)	0,00 1889	$2{,}069 \cdot 10^5$ (5,31 588)
3,4 (3,0931)	0,00 1252	$4{,}713 \cdot 10^5$ (5,67 340)
3,5 (3,1841)	0,000 8221	$1{,}091 \cdot 10^6$ (6,03 820)
3,6 (3,2750)	0,000 5304	$2{,}623 \cdot 10^6$ (6,41 886)
3,7 (3,3660)	0,000 3357	$6{,}548 \cdot 10^6$ (6,81 616)
3,8 (3,4569)	0,000 2238	$1{,}472 \cdot 10^7$ (7,16 808)
3,9 (3,5479)	0,000 1312	$4{,}288 \cdot 10^7$ (7,63 230)
4,0 (3,6389)	0,0000 8502	$1{,}020 \cdot 10^8$ (8,00 902)
4,1 (3,7298)	0,0000 4993	$2{,}960 \cdot 10^8$ (8,47 130)
4,2 (3,8208)	0,0000 2936	$8{,}563 \cdot 10^8$ (8,93 266)
4,3 (3,9118)	0,0000 1728	$2{,}473 \cdot 10^9$ (9,39 336)
4,4 (4,0027)	0,0000 09214	$8{,}692 \cdot 10^9$ (9,93 916)
4,5 (4,0937)	0,0000 05429	$2{,}503 \cdot 10^{10}$ (10,39 858)
4,6 (4,1847)	0,0000 04776	$8{,}818 \cdot 10^{10}$ (10,94 538)

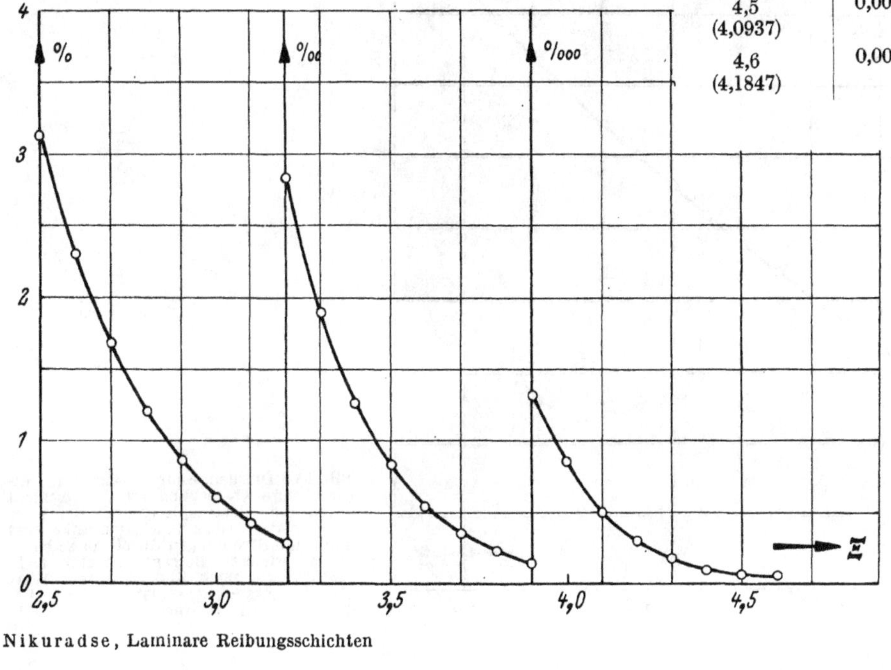

Bild 55. Obere Schranke für die Genauigkeit im Sinne von Bild 54 in %, ‰, ‱: Man sieht, daß z. B. für $\Xi = 3{,}1$ der Fehler bereits $< \frac{1}{2}\%$ ist (Absteckung der Grenzschicht nach außen).

(177a) wollen wir noch etwas anders schreiben: bezeichnet $d(x)$ die Grenzschichtdicke, δ die sie charakterisierende Zahl ξ_0, so können wir in Analogie zu (140a) schreiben

$$d(x)/x = \frac{2\,\delta}{\sqrt{Re}} \text{ mit } \delta = \xi_0 = 2{,}8101 \quad \ldots \quad (178)$$

wo nunmehr δ als ein dimensionsloses Maß für die Grenzschichtdicke erscheint.

b) Gegen die Plattenspitze zu durch eine charakteristische Länge bzw. Reynoldssche Zahl (Re) (die der oberen Schrankenkurve entsprechende $(Re)_0$-Kurve).

68. Bis jetzt haben wir die Grenzschicht gegen die Außenströmung abgesteckt. Da die Quergeschwindigkeit v gegen die Plattenspitze zu immer größer und beliebig groß wird, so müssen wir ganz ähnlich die Grenzschicht auch noch gegen die Plattenspitze zu abgrenzen. Zunächst sieht man aus (173), daß für größer werdendes x die Quergeschwindigkeit v immer kleiner wird. Fordern wir sinngemäß, daß die relative Annäherung von v an 0 innerhalb derselben Schranke liegt wie jene für u an $\bar{u}$, so haben wir x bzw. $\frac{\bar{u}\cdot x}{\nu} = Re$ so zu wählen, daß

$$\frac{v}{\bar{u}} \leq \frac{\frac{1}{2}\,b}{\sqrt{Re}} = K \quad \ldots\ldots\ldots \quad (179)$$

bzw.

$$Re = \frac{\bar{u}\,x}{\nu} = \frac{\left(\frac{b}{2}\right)^2}{K^2} \quad \ldots \quad (180)$$

wird. Man sieht: Auf diese Weise gelangen wir zu einer charakteristischen Länge $x = x_0$ bzw. Reynoldsschen Zahl $Re = (Re)_0$. Nehmen wir diese Länge für die früher mit l bezeichnete und bisher noch ganz willkürlich gebliebene Länge, so wird $(Re)_0 = Re$ und in den Variablen $X = x'$ die Grenzschicht gegen die Plattenspitze zu stets durch $X = x' = 1$ abgegrenzt. Bei einer festgesetzten Genauigkeitsschranke sind dann alle Strömungen durch dasselbe Re charakterisiert in Übereinstimmung mit der früher genannten Tatsache, daß alle Prandtlschen Plattenströmungen zueinander mechanisch ähnlich sind. Die den einzelnen Schranken $K(\Xi)$ entsprechenden Zahlen Re enthält ebenfalls Zahlentafel 4; die darunter in Klammern gesetzten

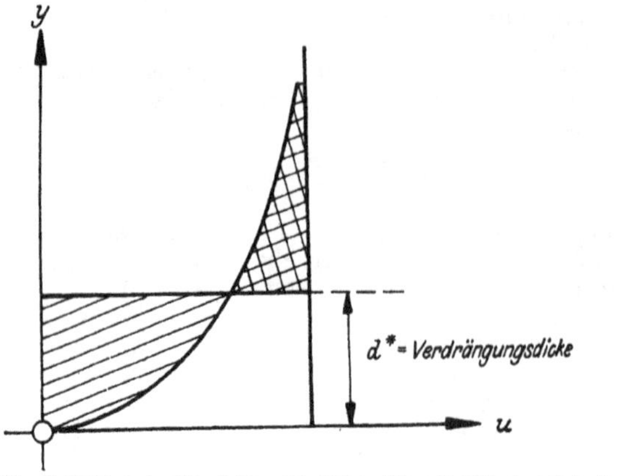

Bild 57. Definition der Verdrängungsdicke: Die schraffierten Inhalte (von denen der eine bis ins Unendliche reicht) sind einander gleich.

Zahlen geben die zugehörigen Logarithmen an. Dieser Zahlentafel entnimmt man, daß z. B. die unserer Meßgenauigkeit von $\approx \frac{1}{2}$ %, d. h. dem Wert $\Xi = 3{,}1$ entsprechende Re-Zahl $= 4{,}271\ 10^{-4}$ ist. Bild 56 zeigt die Liniendarstellung der Logarithmen dieser Re-Zahlen in Abhängigkeit von Ξ.

33. Die Verdrängungsdicke und ihr „genauer Wert".

69. Anschließend können wir leicht eine Abschätzung für die Verdrängungsdicke $d^*(x)$ angeben. Dieselbe ist durch die Gl.

$$d^*(x)\cdot\bar{u} = \int_0^\infty (\bar{u} - u)\,dy \quad \ldots\ldots \quad (181)$$

oder

$$d^*(x) \quad = \int_0^\infty \left(1 - \frac{u}{\bar{u}}\right) dy$$

bzw. durch die Forderung, daß die in Bild 57 schraffierten Inhalte einander gleich sein sollen, definiert und wie man sieht, im Gegensatz zur Grenzschichtdicke (die mit der Genauigkeitsforderung wächst) eine an jeder Stelle x fest gegebene Zahl, die auch leicht durch das Experiment be-

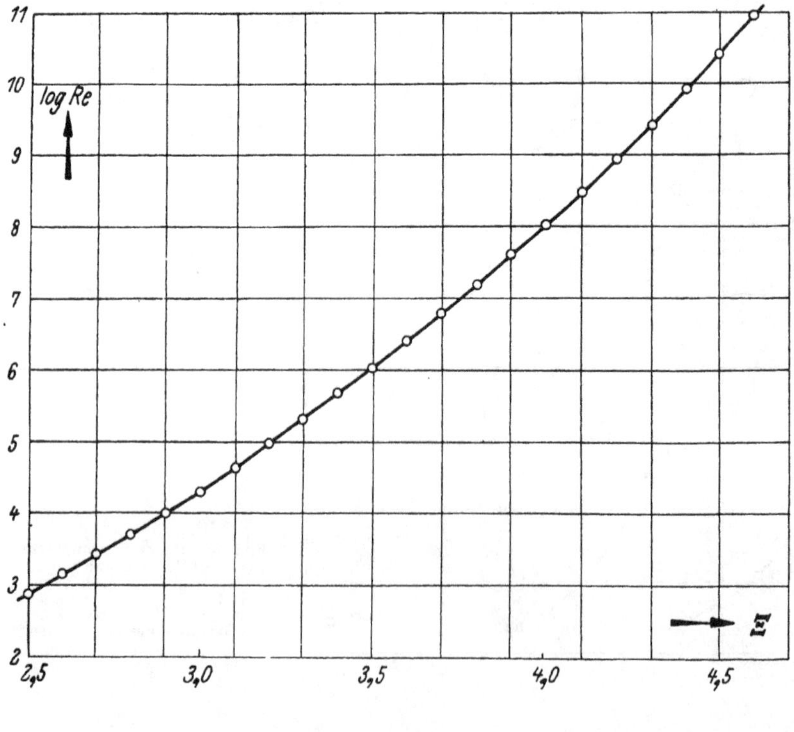

Bild 56. Die den Bildern 54 und 55 entsprechende Absteckung der Grenzschicht gegen die Plattenspitze zu. Bei einer festgesetzten Genauigkeitsschranke sind dann alle Strömungen durch dasselbe Re charakterisiert: Beträgt dieselbe z. B. $\approx 1/2$ % was nach Bild 55 einem Wert $\Xi = 3{,}1$ entspricht, so ist $\log Re \approx 4{,}6$, d. h. $Re \approx 4 \cdot 10^4$ (genauer $4{,}271 \cdot 10^4$).

stimmt werden kann. Führt man in (181a) vermöge $y = \frac{2x}{\sqrt{Re}}\xi$ statt y die Variable ξ ein, so erhält man

$$d^*(x) = \frac{2x}{\sqrt{Re}} \int_0^\infty \left(1 - \frac{u}{\bar{u}}\right) d\xi \quad . \; . \; . \; . \; . \quad (182)$$

bzw. in völliger Analogie zu (140a) und (178)

$$d^*(x)/x = \frac{2\delta^*}{\sqrt{Re}} \quad . \; . \; . \; . \; . \; . \; . \; . \; . \quad (182a)$$

mit

$$\delta^* = \int_0^\infty \left(1 - \frac{u}{\bar{u}}\right) d\xi \quad . \; . \; . \; . \; . \quad (183)$$

wo δ^* die Verdrängungsdicke dimensionslos mißt. Wegen $\frac{u}{\bar{u}} = \frac{\zeta'}{2}$ bekommt man

$$2\delta^* = \int_0^\infty (2 - \zeta')\, d\xi = \int_0^\infty \left\{\zeta'(\infty) - \zeta'(\xi)\right\} d\xi$$

$$= \lim \left\{\zeta'(\infty)\,\xi - \zeta'(\xi)\right\} \text{ für } \xi \to \infty \quad . \; . \; . \; . \quad (184)$$

d. h. also: $2\delta^*$ ist gleich dem früheren Achsenabschnitt b

$$2\delta^* = b \quad . \; . \; . \; . \; . \; . \; . \; . \; . \; . \quad (185)$$

Damit hat man also das zahlenmäßige Resultat

$$d^*(x)/x = \frac{2 \cdot \delta^*}{\sqrt{Re}} = \frac{b}{\sqrt{Re}} = \frac{1{,}720\,76 \pm 1{,}2 \cdot 10^{-4}}{\sqrt{\frac{\bar{u}\,x}{\nu}}} \quad (186)$$

34. Das Stromlinienbild.

a) Die Parameterdarstellung der Stromlinien.

70. Am Schlusse dieses Abschnittes bringen wir noch das Stromlinienbild. Es war

$$\xi = \frac{1}{2}\frac{Y}{\sqrt{X}} \quad \text{bzw.} \quad Y = 2\,\xi\sqrt{X} \quad . \; . \; . \; . \quad (187)$$

$$\Psi = \sqrt{X}\,\zeta(\xi) \quad . \; . \; . \; . \; . \; . \; . \; . \; . \; . \; . \; . \quad (188)$$

Aus diesen Gl. können wir leicht die Parameterdarstellung der Stromlinien $\Psi = \text{const}$ gewinnen. Quadriert man (188), so erhält man

$$\Psi^2 = X \cdot \zeta^2(\xi), \quad \text{d. h.} \quad X = \Psi^2 \frac{1}{\zeta^2(\xi)} \quad . \; . \; . \quad (189)$$

Ersetzt man andererseits in (188) gemäß (187) $\sqrt{X}$ durch $\frac{Y}{2\xi}$, so erhält man die Beziehung

$$\Psi = \frac{Y}{2\xi}\zeta(\xi), \quad \text{d. h.} \quad Y = 2\,\Psi\frac{\xi}{\zeta(\xi)} \quad . \; . \; . \quad (190)$$

Damit haben wir mit ξ als Parameter die gewünschte Darstellung

$$\left.\begin{aligned} X &= \Psi^2 \frac{1}{\zeta^2(\xi)} \\ Y &= 2\,\Psi \frac{\xi}{\zeta(\xi)} \end{aligned}\right\} \quad . \; . \; . \; . \; . \; . \; . \; . \quad (191)$$

Führen wir statt ξ, ζ die Größen Ξ, Z ein, so bekommen wir:

$$\left.\begin{aligned} X &= \frac{\Psi^2}{\beta^2}\frac{1}{Z^2(\Xi)} \\ Y &= \frac{2\,\Psi}{\beta}\frac{\Xi}{Z(\Xi)} \end{aligned}\right\} \quad . \; . \; . \; . \; . \; . \; . \; . \quad (192)$$

Man sieht, daß es noch zweckmäßig ist, an Stelle von Ψ die neue Größe $\overline{\Psi} = \frac{\Psi}{\beta}$ einzuführen; dies bedingt, daß wir noch die folgende affine Dehnung ausführen

$$\begin{aligned} \overline{X} &= X & \overline{U} &= {}^1/_{\beta^2}\,U & & \\ \overline{Y} &= \beta\,Y & \overline{V} &= {}^1/_{\beta}\,V & \overline{\Psi} &= {}^1/_{\beta}\,\Psi \end{aligned} \quad . \; . \quad (193)$$

Denken wir uns dann $\overline{\Psi}$ konstante äquidistante Werte $\overline{\Psi}_0$, $\overline{\Psi}_1$, $\overline{\Psi}_2$, ... erteilt, so erhalten wir endgültig als Parameterdarstellung der k-ten Stromlinie $\overline{\Psi} = \overline{\Psi}_k$

$$\left.\begin{aligned} \overline{X} &= \overline{\Psi}_k^2 \frac{1}{Z^2(\Xi)} \\ \overline{Y} &= 2\,\overline{\Psi}_k \frac{\Xi}{Z(\Xi)} \end{aligned}\right\} \quad . \; . \; . \; . \quad (194)$$

Da uns die Funktion Z nur im Intervall $0 \ldots \Xi_0$ mit $\Xi_0 = 4{,}6$ zur Verfügung steht, so können wir auch nur für diesen Parameterbereich die Stromlinien berechnen. Man erhält dann die Stromlinien vom Unendlichen her bis zu einer Stelle $(\overline{X}_0, \overline{Y}_0)$ die dem Wert Ξ_0 entspricht:

$$\left.\begin{aligned} \overline{X}_0 &= \overline{\Psi}_k^2 \frac{1}{Z^2(\Xi_0)} \\ \overline{Y}_0 &= 2\,\overline{\Psi}_K \frac{\Xi_0}{Z(\Xi_0)} \end{aligned}\right\} \quad . \; . \; . \; . \quad (195)$$

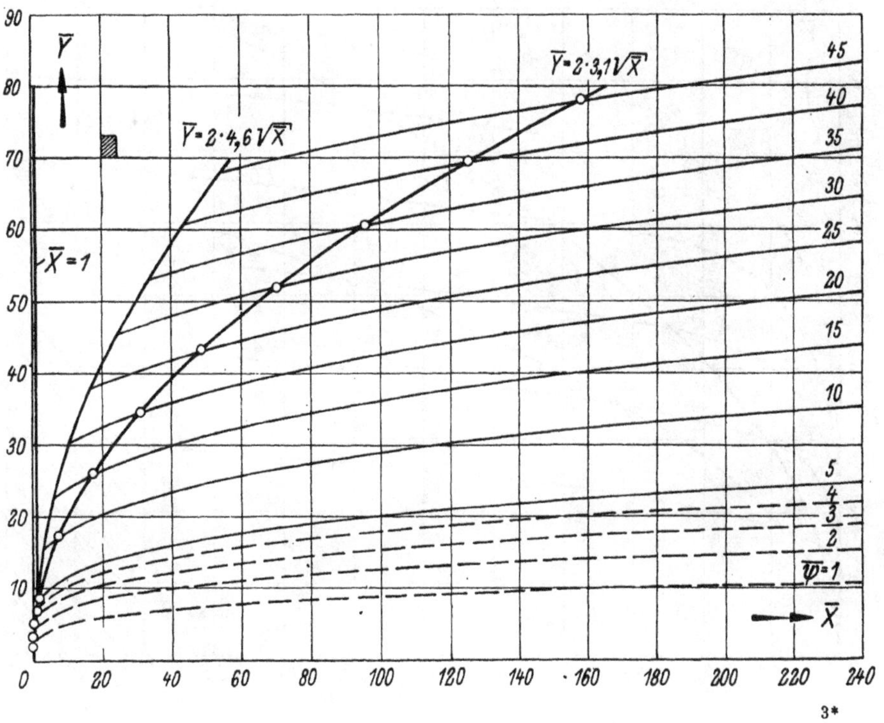

Bild 58. Das Stromlinienbild: Bei der hier beobachteten Meßgenauigkeit von $\approx {}^1/_2\,\%$ wird die Strömung durch die Parabel $\overline{Y} = 2 \cdot 3{,}1\sqrt{\overline{X}}$ nach außen und durch die Gerade $\overline{X} = 1$ gegen die Plattenspitze zu abgesteckt. Das schraffierte Rechteck gibt in 10facher Vergrößerung die Genauigkeit an, mit der die Stromlinien berechnet wurden.

Zahlentafel 5.

$k =$	1	5	10	20	30	40	45
$\overline{X} = \overline{\Psi}_K^2 \dfrac{1}{Z^2(\Xi)}$	$2{,}4 \cdot 10^{-4}$	$0{,}6 \cdot 10^{-2}$	$2{,}4 \cdot 10^{-2}$	$9{,}5 \cdot 10^{-2}$	$2{,}13 \cdot 10^{-1}$	$3{,}8 \cdot 10^{-1}$	$4{,}8 \cdot 10^{-1}$
$\overline{Y} = 2\,\overline{\Psi}_K \dfrac{\Xi}{Z(\Xi)}$	$6{,}6 \cdot 10^{-3}$	$3{,}3 \cdot 10^{-2}$	$6{,}6 \cdot 10^{-2}$	$1{,}32 \cdot 10^{-1}$	$2{,}0 \cdot 10^{-1}$	$2{,}7 \cdot 10^{-1}$	$3{,}0 \cdot 10^{-1}$

woraus folgt, daß alle diese Endpunkte auf der Parabel

$$\overline{Y}_0 = 2\,\Xi_0 \sqrt{\overline{X}_0} \quad \text{. . . . . (196)}$$

liegen. Allgemein liegen Punkte mit dem gleichen Parameter Ξ auf der Parabel

$$\overline{Y} = 2\,\Xi \sqrt{\overline{X}} \quad \text{. . . . . (196a)}$$

b) Das Stromlinienbild und seine Genauigkeit.

71. Die Stromlinien wurden gemäß (194) berechnet für die Werte $\overline{\Psi}_0 = 0$, $\overline{\Psi}_1 = 1$, $\overline{\Psi}_2 = 2$, ... $\overline{\Psi}_{45} = 45$. Bild 58 zeigt das Stromlinienbild, in welches die ersten vier Stromlinien gestrichelt, die fünfte ausgezogen und von da ab jede weitere fünfte Stromlinie ebenfalls ausgezogen eingezeichnet sind; außer der Parabel (196) mit $\Xi = 4{,}6$ ist noch die Parabel (196a) mit $\Xi = 3{,}1$ eingezeichnet, die nach dem Früheren bei unserer Meßgenauigkeit die Grenzschicht nach außen absteckt. Die Strömung in der Nähe der Plattenspitze mit den Stromlinien $\overline{\Psi}_0 = 0$, $\overline{\Psi}_1 = 1$, ..., $\overline{\Psi}_5 = 5$ ist in Bild 59 besonders herausgezeichnet. Zur Beurteilung der Genauigkeit beachte man folgendes: Gemäß (148) und (149) ist unsere Näherung für $Z(\Xi)$ an der Stelle $\Xi_0 = 4{,}6$ bekannt bis auf einen Fehler der $\leq 2{,}6 \cdot 10^{-2}$ ist; für $1/Z^2(\Xi)$ bzw. $\Xi/Z(\Xi)$ ist dann der Fehler $\leq 2{,}4 \cdot 10^{-4}$ bzw. $3{,}3 \cdot 10^{-3}$, mithin für die Punkte $(\overline{X}_0, \overline{Y}_0)$, welche dem Parameter Ξ_0 entsprechen, $\leq \overline{\Psi}_K^2 \cdot 2{,}4 \cdot 10^{-4}$ bzw. $2\,\overline{\Psi}_K \cdot 3{,}3 \cdot 10^{-3} = \overline{\Psi}_K \cdot 6{,}6 \cdot 10^{-3}$, je größer $\overline{\Psi}_K$ desto größer werden die Fehler, d. h. um so ungenauer die Stromlinien.

In der folgenden Zahlentafel 5 sind für einige Stromlinien die maximalen Fehler bezüglich der Koo $\overline{X}$, $\overline{Y}$ angegeben.

In Bild 58, 59 ist der maximale Fehler jeweils als Rechteck ▨ in zehnfacher Vergrößerung eingezeichnet. Außerdem ist in Bild 59 der punktierte Teil der ersten Stromlininie der Vergrößerung 10 $\overline{X}$ bzw. 5 $\overline{Y}$ nochmals herausgezeichnet und auch für diese Linie der maximale Fehler in entsprechender 10facher Vergrößerung als Rechteck dargestellt. Würde man von den Stromlinien nur die Teile betrachten, die rechts von der Parabel $\overline{Y} = 2\,\Xi^* \sqrt{\overline{X}}$ mit $\Xi^* > \Xi_0$ liegen, so erhielte man für diese bereits einen kleineren maximalen Fehler, der für $\Xi^* \to \infty$ schließlich auf 0 herabsinken würde.

c) Die Strömung in der Nähe der Plattenspitze.

72. Aus (194) folgt

$$\left.\begin{aligned} \overline{X} &\to 0 \\ \overline{Y} &\to 0 \end{aligned}\right\} \quad \text{für } \Xi \to \infty \quad \text{. . . . . (197)}$$

d. h.: Alle Stromlinien haben ihren Ursprung in der Plattenspitze. Die Neigung der Stromlinien ist

$$\frac{\overline{V}}{\overline{U}} = \frac{1}{\sqrt{\overline{X}}} \, \frac{\dot{Z}\,\Xi - Z}{\dot{Z}} = \frac{\Xi}{\sqrt{\overline{X}}} \, \frac{\dot{Z}\,\Xi - Z}{\dot{Z}\,\Xi} \quad \text{. . (198)}$$

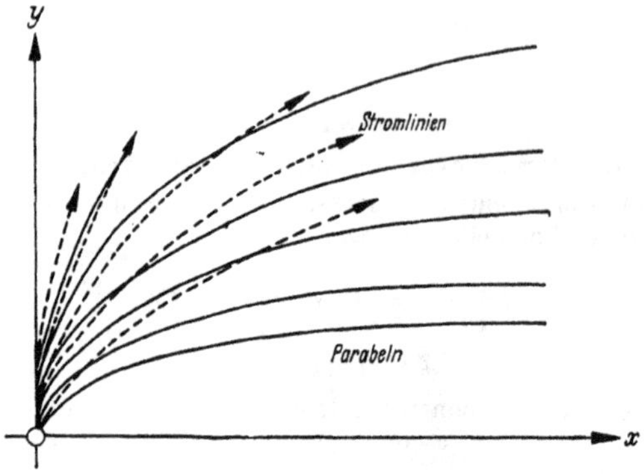

Bild 60. Die Strömung in der Nähe der Plattenspitze: Die (gestrichelten) Stromlinien entspringen alle der Plattenspitze und durchsetzen die (ausgezogenen) Parabeln.

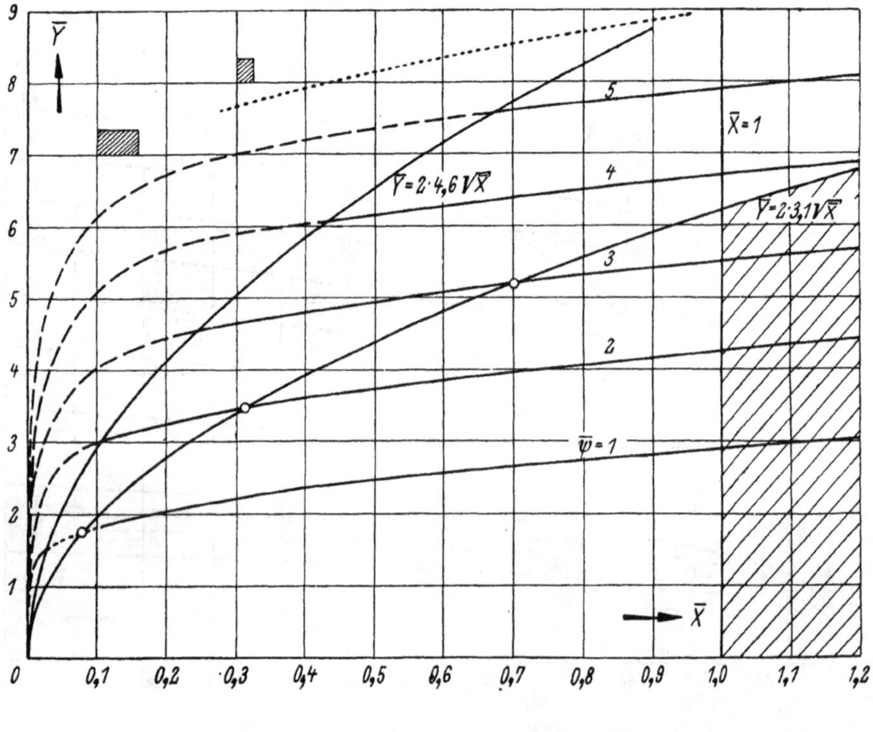

Bild 59. Das Stromlinienbild in der Nähe der Plattenspitze mit den ersten fünf Stromlinien von Bild 58: Die Grenzschicht ist durch Schraffur, der weitere ungefähre Verlauf der Stromlinien gestrichelt und die Genauigkeit wieder in 10facher Vergrößerung durch das (größere) schraffierte Rechteck angedeutet; ferner ist der punktierte Teil der ersten Stromlinie in der Vergrößerung 10 $\overline{X}$, 5 $\overline{Y}$ nochmals herausgezeichnet und auch für diese Linie die Genauigkeit in der entsprechenden Vergrößerung durch das schraffierte (kleinere) Rechteck dargestellt.

Zahlentafel 6.

$\varrho = 1{,}238 \cdot 10^{-6}$														
$\nu = 0{,}1482\ \frac{cm^2}{s}$			$\nu = 0{,}1482\ \frac{cm^2}{s}$			$\nu = 0{,}1482\ \frac{cm^2}{s}$			$\nu = 0{,}1482\ \frac{cm^2}{s}$			$\nu = 0{,}1482\ \frac{cm^2}{s}$		
$U = 1072\ \frac{cm}{s}$			$U = 1080\ \frac{cm}{s}$			$U = 1080\ \frac{cm}{s}$			$U = 1080\ \frac{cm}{s}$			$U = 1080\ \frac{cm}{s}$		
$Re = \frac{U x}{\nu} = 108{,}5 \cdot 10^3$			$Re = \frac{U x}{\nu} = 182 \cdot 10^3$			$Re = \frac{U x}{\nu} = 364 \cdot 10^3$			$Re = \frac{U x}{\nu} = 546 \cdot 10^3$			$Re = \frac{U x}{\nu} = 728 \cdot 10^3$		
$x = 15$ cm			$x = 25$ cm			$x = 50$ cm			$x = 75$ cm			$x = 100$ cm		
y cm	$\xi = \frac{1}{2}\sqrt{\frac{U}{\nu x}}\,y$	$\frac{u}{U} = \frac{\zeta'}{2}$	y cm	$\xi = \frac{1}{2}\sqrt{\frac{U}{\nu x}}\,y$	$\frac{u}{U} = \frac{\zeta'}{2}$	y cm	$\xi = \frac{1}{2}\sqrt{\frac{U}{\nu x}}\,y$	$\frac{u}{U} = \frac{\zeta'}{2}$	y cm	$\xi = \frac{1}{2}\sqrt{\frac{U}{\nu x}}\,y$	$\frac{u}{U} = \frac{\zeta'}{2}$	y cm	$\xi = \frac{1}{2}\sqrt{\frac{U}{\nu x}}\,y$	$\frac{u}{U} = \frac{\zeta'}{2}$
0,01	0,110	0,072	0,01	0,085	0,050	0,01	0,060	0,036	0,02	0,098	0,064	0,02	0,085	0,050
0,02	0,220	0,146	0,02	0,171	0,108	0,02	0,121	0,076	0,04	0,197	0,126	0,05	0,214	0,139
0,04	0,439	0,291	0,04	0,341	0,228	0,04	0,241	0,160	0,07	0,344	0,228	0,10	0,427	0,280
0,07	0,768	0,500	0,07	0,595	0,390	0,07	0,422	0,280	0,10	0,492	0,321	0,15	0,640	0,420
0,10	1,096	0,682	0,10	0,855	0,550	0,10	0,603	0,394	0,15	0,738	0,480	0,20	0,855	0,550
0,13	1,426	0,820	0,13	1,110	0,688	0,15	0,905	0,580	0,20	0,984	0,624	0,25	1,067	0,664
0,16	1,756	0,921	0,16	1,365	0,799	0,20	1,207	0,731	0,25	1,230	0,741	0,30	1,280	0,764
0,20	2,195	0,977	0,20	1,705	0,908	0,25	1,510	0,850	0,30	1,475	0,839	0,35	1,495	0,848
0,23	2,524	0,991	0,23	1,960	0,955	0,30	1,810	0,930	0,35	1,720	0,908	0,40	1,710	0,909
0,26	2,854	0,998	0,29	2,220	0,978	0,35	2,110	0,970	0,40	1,965	0,954	0,45	1,920	0,949
0,28	3,072	1,000	0,32	2,475	0,992	0,40	2,415	0,988	0,45	2,210	0,982	0,50	2,135	0,973
0,30	3,292	1,000	0,35	2,980	0,998	0,45	2,715	0,996	0,50	2,460	0,991	0,55	2,300	0,988
0,32	3,520	1,000	0,38	3,340	1,000	0,50	3,020	1,000	0,54	2,660	0,996	0,60	2,570	0,995
									0,58	2,860	0,998	0,65	2,785	0,998
									0,61	3,000	1,000	0,70	3,000	1,000

Hierin ist der erste Faktor $\frac{\Xi}{\sqrt{\overline{X}}}$ die Neigung der durch den betreffenden Punkt gehende Parabel $\overline{Y} = 2\,\Xi\sqrt{\overline{X}}$, während der zweite Faktor offenbar stets < 1 ist (und im übrigen für $\Xi = 0$ den Wert $\frac{1}{2}$ und für $\Xi \to \infty$ den Wert 0 annimmt). Das heißt aber: Die Stromlinien durchsetzen stets die Parabeln $\overline{Y} = 2\,\Xi\sqrt{\overline{X}}$ unter einem Winkel, der durch (198) gegeben ist. Man erhält so ein Stromlinienbild wie es Bild 60 andeutet.

d) Weitere Eigenschaften der Stromlinien.

73. Für das Weitere seien die Punkte der Stromlinie $\overline{\Psi} = \overline{\Psi}_K$ genauer mit $\overset{(k)}{\overline{X}}$, $\overset{(k)}{\overline{Y}}$ bezeichnet. Dann folgt aus der Darstellung (194) sofort die Beziehung

$$\frac{\overset{(k)}{\overline{X}}}{\overset{(k)}{\overline{X}}_0} = \frac{\overset{(1)}{\overline{X}}}{\overset{(1)}{\overline{X}}_0}, \quad \frac{\overset{(k)}{\overline{Y}}}{\overset{(k)}{\overline{Y}}_0} = \frac{\overset{(1)}{\overline{Y}}}{\overset{(1)}{\overline{Y}}_0} \quad \ldots\ldots \quad (199)$$

für Punkte, welche zu den Parametern Ξ bzw. $\Xi_0 = 4{,}6$ gehören. I. W.: Bezieht man die Koo $\overset{(k)}{\overline{X}}$, $\overset{(k)}{\overline{Y}}$ einer Stromlinie auf die Koo $\overset{(k)}{\overline{X}}_0$, $\overset{(k)}{\overline{Y}}_0$ ihres »Endpunktes«, so fallen alle Stromlinien zusammen. Kennt man also eine Stromlinie sowie die »Endpunkte« $\overset{(k)}{\overline{X}}_0$, $\overset{(k)}{\overline{Y}}_0$ aller Stromlinien, so kann man jede andere mittels der durch (199) gegebenen einfachen Konstruktion gewinnen.

Ersetzt man in (198) die Wurzel $\sqrt{\overline{X}}$ gemäß (188) durch $\overline{\Psi}/Z$, so erhält man als Neigung der Stromlinie

$$\left\{\begin{matrix}\text{Neigung der Stromlinie}\\ \overline{\Psi} = \overline{\Psi}_K\end{matrix}\right\} = \frac{1}{\overline{\Psi}_K}\, Z\, \frac{\dot{Z}\,\Xi - Z}{\dot{Z}} \quad (200)$$

daraus folgt: 1. für ein festes Ξ werden die Neigungen mit wachsendem $\overline{\Psi}_K$ immer kleiner; speziell durchsetzen also die Stromlinien die die Grenzschicht absteckende Parabel unter einer mit wachsendem k immer kleiner werdenden Neigung; 2. (nach Ausführung einer einfachen Differentiation): Die Stromlinien sind konvexe Kurven; verbindet man also einzelne Punkte einer Linie durch ein Polygon, so muß die betreffende Stromlinie stets oberhalb desselben verlaufen, eine Eigenschaft, welche die Genauigkeit beim Aufzeichnen der Stromlinien erhöht.

Für Punkte verschiedener Stromlinien, die zum gleichen Parameterwert Ξ gehören, liest man — mit $k = \overline{\Psi}_K$ — aus (194) weiter die einfache Beziehung ab

$$\left.\begin{matrix}\overset{(k)}{\overline{X}} = k^2\,\overset{(1)}{\overline{X}}\\ \overset{(k)}{\overline{Y}} = k\,\overset{(1)}{\overline{Y}}\end{matrix}\right\} \quad \ldots\ldots\ldots \quad (201)$$

die nochmals zeigen, wie man aus der ersten Stromlinie $\overline{\Psi} = \overline{\Psi}_1$ jede andere gewinnen kann. Besonders nützlich sind die Beziehungen (201), wenn es gilt, bei einzelnen Stromlinien noch Zwischenpunkte einzuschalten, so z. B. in Bild 58, wo berechnete Punkte über der Endabszisse $\overline{X} = 240$ nicht vorlagen. Durch eine genaue Aufzeichnung der ersten Stromlinie $\overline{\Psi}_1 = 1$ kann man die Ordinaten über diesem Endpunkt für die übrigen Stromlinien leicht gewinnen. So folgt z. B. für die zweite Stromlinie also $k = 2$ aus (201) für $\overset{(2)}{\overline{X}} = 240$ sofort $\overset{(1)}{\overline{X}} = 60$, zu dem $\overset{(1)}{\overline{Y}} = 7{,}84$ gehört, mithin gehört zu $\overset{(2)}{\overline{X}}$ die Ordinate $\overset{(2)}{\overline{Y}} = 2\,\overset{(1)}{\overline{Y}} = 15{,}68$.

II. Experimentelle Grundlagen.

35. Die Versuchseinrichtung und die Messung der Geschwindigkeitsprofile.

74. Wir unterdrücken hier eine genauere Beschreibung der Versuchseinrichtung sowie der Art und Weise, wie die Versuche durchgeführt wurden und verweisen auf eine demnächst folgende Arbeit, welche die entsprechende turbulente Strömung behandelt, und in der alles Nötige mitgeteilt werden wird. Es mag daher genügen, wenn wir hier lediglich die Ergebnisse der Messung bringen.

Gemessen wurden insgesamt 5 Geschwindigkeitsprofile $\mathfrak{P}_1$, $\mathfrak{P}_2$, $\mathfrak{P}_3$, $\mathfrak{P}_4$, $\mathfrak{P}_5$, und zwar so genau als irgend möglich, deren Meßpunkte nebst übrigen Daten die folgende Zahlentafel 6 (die gleichzeitig die Umrechnung[12]) von y auf den Parameter ξ enthält) zeigt[13]).

[12]) Diese und ähnliche spätere Umrechnungen sind stets mit einem Rechenschieber von der Länge 56 cm vorgenommen worden, dessen Genauigkeit für unsere Zwecke vollständig hinreichte.

[13]) Es sei bemerkt, daß von nun an für die Abströmungsgeschwindigkeit neben der bisherigen Bezeichnung durch $\overline{u}$ (entsprechend dem Brauch vieler Autoren) auch die andere durch U benutzt wird.

36. Meßgenauigkeit und Grenzschichtdicke.

75. Die Meßgenauigkeit für $\frac{u}{\bar{u}}$ wurde zunächst zu $\approx \frac{1}{2}\%$ geschätzt. In Zahlentafel 4 wird diese Genauigkeit für den Parameter $\Xi = 3{,}1$, d. h. $\xi = 2{,}8201$ und der zugehörigen *Re*-Zahl $Re = 4{,}271 \cdot 10^4$ bereits übertroffen: Nach Bild 55 entspricht diesem Ξ-Wert von 3,1 bereits eine Genauigkeit von 0,42%. Die folgende Zahlentafel 7 zeigt (mit Ausnahme der letzten Spalte) die dieser Genauigkeit von 0,42% entsprechende Grenzschichtdicke für die einzelnen Profile.

Zahlentafel 7.

x in cm	$10^{-2}\sqrt{Re}$	$\frac{2\delta}{10^{-2}\sqrt{Re}}$	$10^2\, d(x)$	$d(x)$	$\frac{u}{\bar{u}}$
15	3,294	1,710	25,65	0,2565	0,996
25	4,266	1,322	33,05	0,3305	0,995
50	6,033	0,935	46,75	0,4675	0,997
75	7,389	0,763	57,225	0,57225	0,998
100	8,532	0,661	66,10	0,6610	0,998

Trifft nun diese Genauigkeit (im Mittel) auf unsere Messungen zu, so muß sich an jedem der fünf gemessenen Profile folgendes bestätigt finden: Trägt man für ein solches Profil die Meßpunkte über der y-Achse auf (vgl. Bild 61) und verbindet dieselben durch eine glatte Kurve (in Bild 61 nicht eingezeichnet), so muß — wenn $d(x)$ die zugehörige Grenzschichtdicke ist — für $y \geqq d(x)$ diese Kurve oberhalb $1{,}0000 - 0{,}0042 = 0{,}9958$ verlaufen. Die letzte Spalte der Zahlentafel 7[14]) gibt die Werte dieser glatten Kurven für $y = d(x)$ an, woraus man sieht, daß ein regelmäßiger »Gang« vorliegt, gegenüber dem der Wert für das zweite Profil offensichtlich etwas zu niedrig ausfällt; beachtet man dies, so bemerkt man in der Tat, daß alle Abweichungen unter der vorgeschriebenen Schranke 0,0042 liegen. Damit wird also bestätigt, daß die Meßgenauigkeit für $\frac{u}{\bar{u}}$ ungefähr 0,42 % beträgt. Außerdem haben wir zu erwarten, daß alle 5 Profile innerhalb der Grenzschicht liegen. Dies geht in der Tat aus der folgenden Zahlentafel 8 hervor, in welcher zu der einzelnen Abszisse x jedes Profils die zugehörige *Re*-Zahl $\frac{U \cdot x}{\nu}$ angegeben ist.

Zahlentafel 8.

Profil	$\mathfrak{P}_1$	$\mathfrak{P}_2$	$\mathfrak{P}_3$	$\mathfrak{P}_4$	$\mathfrak{P}_5$
x in cm	$x = 15$	$x = 25$	$x = 50$	$x = 75$	$x = 100$
$Re = \frac{Ux}{\nu}$	$10{,}85 \cdot 10^4$	$18{,}2 \cdot 10^4$	$36{,}4 \cdot 10^4$	$54{,}6 \cdot 10^4$	$72{,}8 \cdot 10^4$

Die Zahlentafel zeigt, daß alle *Re*-Zahlen bereits oberhalb $Re = 4{,}271 \cdot 10^4$ liegen. (Würde z. B. in der letzten Spalte von Zahlentafel 7 statt 0,996 die Zahl 0,993 oder 0,994 stehen, so könnten wir mit Sicherheit schließen, daß dann das erste Profil noch nicht in der Grenzschicht liegt.)

37. Die gemessenen Profile dürfen zum Vergleich mit und zur Überprüfung von Prandtls Theorie herangezogen werden.

76. Nach den früheren Darlegungen ist nun ein Vergleich zwischen den theoretischen und experimentellen u-Profilen nur innerhalb der Grenzschicht möglich bzw. statthaft. Da — wie soeben gezeigt — bei der von uns beobachteten Genauigkeit unsere fünf gemessenen Profile innerhalb der dieser Genauigkeit entsprechenden Grenzschicht liegen, so dürfen wir also diese Profile im folgenden zu einer Überprüfung von Prandtls Theorie heranziehen.

[14]) Natürlich könnte man diese Zahlen auch an der entsprechenden Auftragung über der ξ- statt y-Achse ablesen. Übrigens fällt in Bild 62 der Meßpunkt über $y = 0{,}29$ für das zweite Profil offensichtlich heraus.

III. Auswertung der Versuche und Vergleich mit der Theorie.

38. Die Geschwindigkeitsverteilung.

a) Vergleich zwischen den direkten theoretischen und experimentellen Geschwindigkeitsprofilen.

76. Den Vergleich der direkten (d. h. nicht auf den Parameter ξ umgerechneten) Profile mit den entsprechenden theoretischen Profilen (unserer Näherung) ermöglicht Bild 61: Man sieht die gute Übereinstimmung. Denkt man sich in diesem Bild die positive Ordinatenachse als die Platte, die Anströmungsgeschwindigkeit $\bar{u} = 1$ und ferner die einzelnen Profile nach oben an die Stelle geschoben, zu der sie gehören, so gewinnt man ein anschauliches Bild von der Art, wie sich unter dem Einfluß der Reibung das erste Profil zu den folgenden »entwickelt« und infolge der durch die Reibung bedingten Abbremsung immer »schlanker« (in der Plattenrichtung gesehen) wird.

In Bild 61 ist außerdem für jede Näherung die zugehörige Tangente eingezeichnet, sowie deren Abschnitt auf $y = 0{,}1$ bzw. 0,2 durch einen Punkt und zum Vergleich damit auch

Zahlentafel 9.

	Näherung	Wahrer Wert	auf y
$\mathfrak{P}_1$	0,724	0,729	= 0,1
$\mathfrak{P}_2$	0,562	0,5665	= 0,1
$\mathfrak{P}_3$	0,795	0,801	= 0,2
$\mathfrak{P}_4$	0,649	0,654	= 0,2
$\mathfrak{P}_5$	0,562	0,567	= 0,2

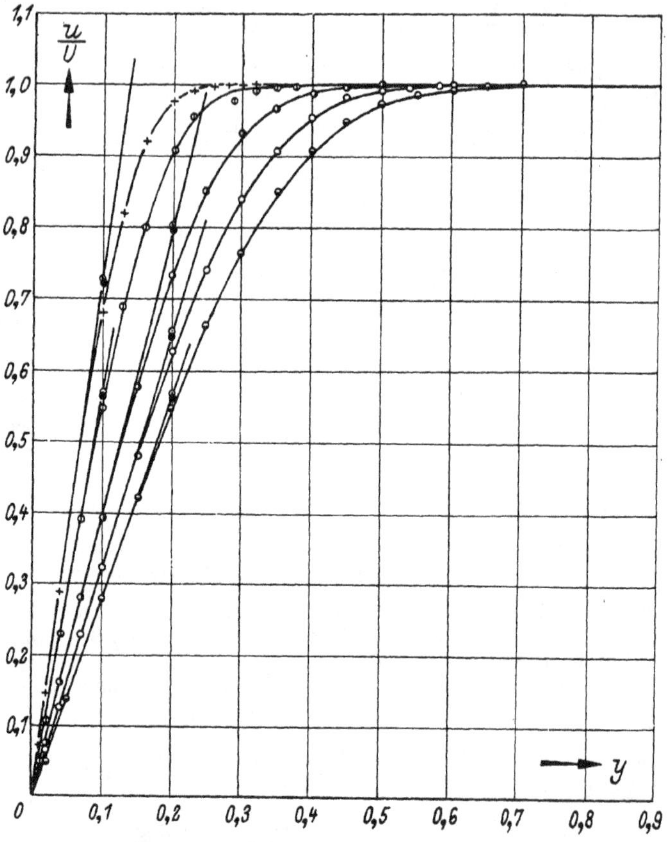

Bild 61. Vergleich der direkten (d. h. nicht auf den Parameter ξ umgerechneten) Profile (Meßpunkte) mit den entsprechenden theoretischen Profilen unserer besseren Näherung (ausgezogen), welche der Kurve für $\frac{1}{2}\zeta'$ in Bild 53 entspricht; außerdem ist für jede Näherung die Tangente sowie deren Abschnitt auf der Geraden $y = 0{,}1$ bzw. 0,2 durch einen Punkt und zum Vergleich damit auch der »wahre« Wert durch einen weiteren (und hier stets höher liegenden) Punkt markiert. Bei dem zweiten Profil von links (Meßpunkte durch ⊖ markiert) fällt der ungefähr über $y = 2{,}9$ gelegene Meßpunk t offensichtlich heraus. Die Bezeichnung der Punkte ist wie in Bild 62.

der »wahre Wert« durch einen weiteren Punkt markiert; Zahlentafel 9 gibt die zugehörigen Zahlen für diese Abschnitte.

b) Vergleich in Hinsicht auf das Prandtlsche Ähnlichkeitsgesetz.

77. Rechnen wir die gemessenen Profile um auf den Parameter $\xi = \frac{1}{2}\sqrt{\frac{\bar{u}\,x}{\nu}}\,\frac{y}{x}$ und tragen die so gewonnenen Meßpunkte über einer ξ-Achse auf, so erhalten wir Bild 62, in welchem zum Vergleich unsere theoretische Näherungskurve ausgezogen eingezeichnet ist. Ähnlich wie in Bild 61 ist auch hier die Tangente an diese Näherung sowie deren Abschnitt auf $\xi = 1$ und zum Vergleich damit wieder der wahre Wert dieses Abschnittes durch Punkte markiert. Man sieht: die Übereinstimmung ist sehr gut; lediglich in dem Bereich von $\xi = 1$ bis $\xi = 3$, wo die $\frac{\zeta'}{2}$-Kurve am stärksten gekrümmt ist, scheint ein gewisser Gang vorhanden zu sein, der die Meßpunkte auf eine Kurve zwingt, die etwas höher als unsere theoretische liegt; doch ist diese Abweichung nach oben sehr gering und beträgt nicht mehr als 0,006 (über $\xi \approx 2$). Nach dem früher Gesagten liegt jedoch diese Abweichung noch innerhalb der Fehlergrenze unserer Näherung (wenigstens solange, als wie die zweite der dort genannten Möglichkeiten annehmen). Immerhin würde eine tatsächliche Abweichung nach oben gegenüber der theoretischen Geschwindigkeitsverteilung damit übereinstimmen, daß der Widerstandsbeiwert c sich später stets als etwas, nämlich um mindestens 0,004 kleiner als der theoretische herausstellt. Da nämlich eine solche Abweichung erst merklich wäre von einer Stelle an, von der ab $\eta = \frac{\zeta'}{2}$ schon $\geq \frac{1}{2}$ ist, so würde also, wenn $\delta\eta$ die nicht negative Änderung von η bedeutet, der Widerstandsbeiwert

$$\frac{c}{4} = \int_0^\infty \frac{\zeta'}{2}\left(1 - \frac{\zeta'}{2}\right) d\xi = \int_0^\infty \eta\,(1-\eta)\,d\xi \quad . \quad . \quad (202)$$

(bis auf Glieder höherer Ordnung) die Änderung

$$\delta\left(\frac{c}{4}\right) = \int_0^\infty (1 - 2\,\eta)\,\delta\eta\,d\xi \quad . \quad . \quad . \quad . \quad . \quad (203)$$

erfahren, die nach dem Gesagten in der Tat < 0 wäre.

Außerdem zeigt aber Bild 61, daß sich die gemessenen Profile mittels der Transformation

$$y = \frac{2\,\xi}{\sqrt{\frac{\bar{u}\cdot x}{\nu}}}\,x \quad . \quad . \quad . \quad . \quad . \quad . \quad . \quad . \quad (204$$

ausgezeichnet in ein und dieselbe Kurve überführen lassen, also ausgezeichnet jenem Ähnlichkeitsgesetz gehorchen, das die Prandtlsche Theorie fordert, und das seinerzeit die Reduktion der partiellen Diff.-G. (71) auf eine gewöhnliche Diff.-Gl. (93) ermöglicht hat; anschaulich ist dieses Gesetz durch Bild 39 gegeben, durch das zwei verschiedene Profile unmittelbar und in sehr einfacher Weise miteinander verknüpft sind.

c) Entsprechende Ergebnisse von Hansen.

78. Vergleich mit Hansens Messungen[15]). Leider hat Hansen die für einen solchen Vergleich nötigen Werte von ϱ und ν nicht angegeben und ebensowenig etwas über die von ihm seinerzeit beobachtete Meßgenauigkeit mitgeteilt. Sicher dürfen wir aber annehmen, daß sich seine Werte von ϱ und ν nur geringfügig von den unsrigen unterschieden haben und daß er auch mit ungefähr derselben

[15]) Abhandlungen aus dem Aerodynamischen Institut an der T. H. Aachen, Heft 8, Verlag Springer, Berlin, 1928, S. 31ff.

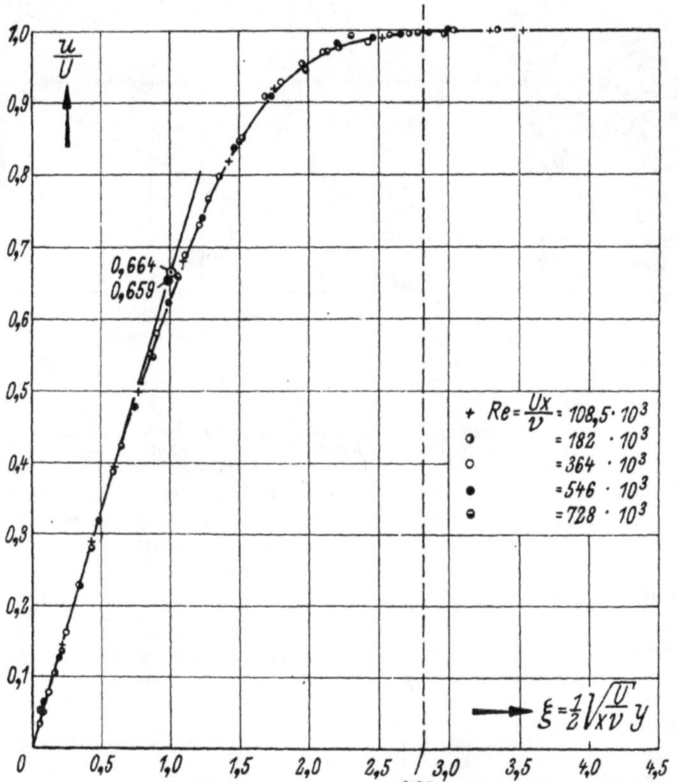

Bild 62. Vergleich der auf den Parameter $\xi = \frac{1}{2}\sqrt{\frac{\bar{u}\,x}{\nu}}\,\frac{y}{x}$ umgerechneten Profile mit unserer Näherung für $\frac{1}{2}\zeta'$ von Bild 53. Ähnlich wie in Bild 61 ist auch hier die Tangente an diese Näherung sowie deren Abschnitt auf $\xi = 1$ (0,659) und zum Vergleich damit wieder der wahre Wert dieses Abschnittes (0,664) durch Punkte markiert. Die Grenzschicht ist an der gestrichelten Linie ($\xi = 2{,}820$) beendet.

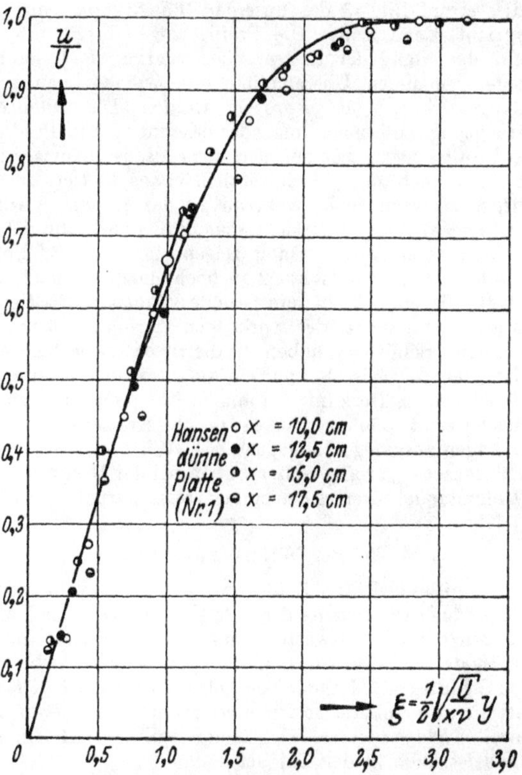

Bild 63. Der (unserem Bild 62) entsprechende Vergleich mit Hansens Meßpunkten für dessen dünne Platte; die ausgezogene Kurve mit Tangente ist dieselbe wie in Bild 62.

Zahlentafel 10.

x in cm	$Re = \frac{Ux}{\nu}$	
1	$0{,}54 \cdot 10^4$	
2	$1{,}08 \cdot 10^4$	
2,5	$1{,}35 \cdot 10^4$	
4,0	$2{,}16 \cdot 10^4$	
5,0	$2{,}70 \cdot 10^4$	
7,5	$4{,}05 \cdot 10^4$	
10,0	$5{,}40 \cdot 10^4$	□
12,5	$6{,}74 \cdot 10^4$	◆
15,0	$8{,}10 \cdot 10^4$	▲
17,5	$9{,}44 \cdot 10^4$	◇

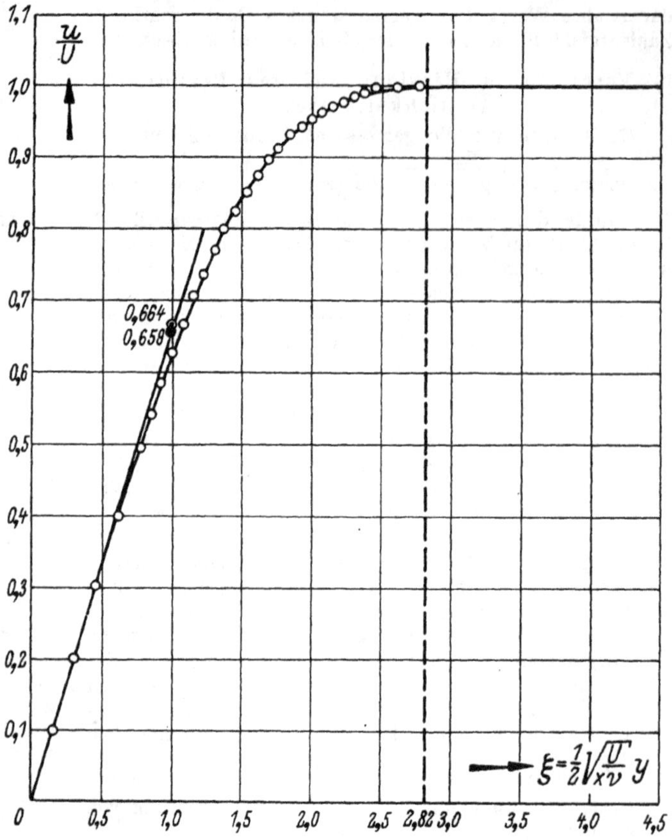

Bild 64. Vergleich von Hansens theoretischer Kurve, angedeutet durch die Punkte ○, mit unserer in Bild 62 und 63 benutzten Näherung (ausgezogen).

Genauigkeit wie wir gemessen hat[16]). Aber selbst wenn z. B. bezüglich ϱ und ν Abweichungen bestünden (die nur sehr gering sein könnten), so würde durch sie die folgende Diskussion in keiner Weise beeinflußt. Hansen hat an der dünnen Platte — die allein für uns hier in Betracht kommt — 10 Profile ausgemessen, deren Abstände mit den zugehörigen Re-Zahlen Zahlentafel 10 zeigt. Daraus sieht man, daß bei der von uns angenommenen Meßgenauigkeit nur die vier letzten Hansenschen Profile innerhalb der Grenzschicht liegen, und daher auch nur diese von uns zum Vergleich herangezogen werden dürfen und sollen; für diese vier Profile enthält daher Zahlentafel 10 auch noch die in den späteren auf Hansen bezüglichen Liniendarstellungen auftretenden Markierungen. Das diesbezügliche Hansensche Bild (bei ihm Bild 6) haben wir photographisch vergrößert und auf Millimeterpapier ausgewertet[17]) und die so gewonnenen Meßpunkte seiner vier letzten Profile über unserer theoretischen Kurve (also derselben wie in Bild 62) eingetragen; dies ergibt Bild 63 das unserem Bild 62 völlig entspricht. Man sieht: Die Profile zeigen insgesamt gut den Gang der theoretischen Kurve, doch kann von einer genaueren Übereinstimmung, wie es oben bei uns der Fall war, nicht gesprochen werden. Die genauere Betrachtung läßt noch folgendes erkennen: Die Punkte des 1. Profiles liegen gut auf der theoretischen Kurve; die des 2. auch noch gut, jedoch deutlich etwas zu tief; die des 3. liegen stark zu hoch; während die des 4. noch stärker zu tief liegen. Vor allem sieht man, daß diese Abweichungen keinen regelmäßigen Gang zeigen, indem z. B. die Meßpunkte des 3. Profiles stark zu hoch, die des 4. noch stärker zu tief liegen. Aus diesem Grunde können auch diese Abweichungen nicht der wirklichen Strömung zugemessen werden. Schließlich haben wir die theoretische Kurve, über der Hansen seine Meßpunkte aufgetragen hat (und über deren genaue Herkunft bei ihm nichts gesagt ist) ebenfalls ausgewertet und in Bild 64 durch Kreise ○ neben der unsrigen ausgezogen angedeutet. — Wir kommen auf diese Hansenschen Profile weiter unten bei der Bestimmung des Widerstandsbeiwertes c noch mehrmals zurück.

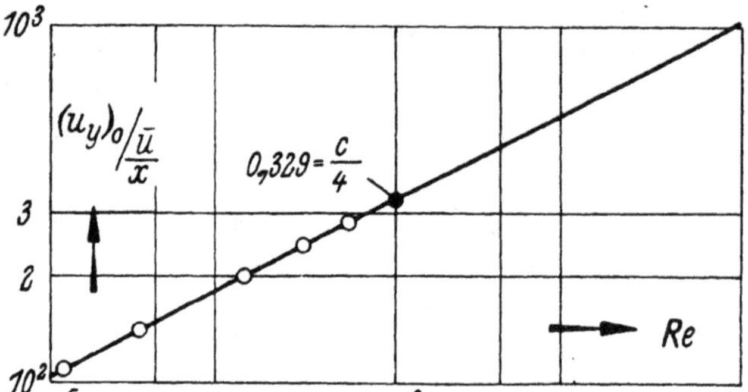

Bild 65. Bestimmung des Widerstandsbeiwertes c aus den Tangenten an die einzelnen durch die Messung gegebenen 5 Profilen: Die durch ○ angedeuteten 5 c-Werte ordnen sich gut auf der eingezeichneten Geraden von der Neigung $\frac{1}{2}$ an, welche auf der zu $Re = 10^6$ gehörenden Vertikalen den Abschnitt 329 hinterläßt und daher zu dem mittleren Wert $\frac{c}{4} = 0{,}329$, d. h. $c = 1{,}316$ führt.

39. Der Widerstandsbeiwert c.

79. Diese wichtige Zahl wurde von uns sowohl durch Bestimmung der Tangente der u-Profile (differentielle Methode) als auch durch Auswertung des Impulsverlustes (integrale Methode) und zwar jedesmal auf mehrfache Weise bestimmt. Da die integrale Methode von sich aus wesentlich genauer ist als die differentielle, so ist zu erwarten, daß sich auf diesem zweiten Wege c wesentlich genauer ergibt als auf dem ersten. Dies ist auch in der Tat der Fall.

a) Ermittlung von c mittels der Tangente (differentielle Methode).

80. Wir beginnen mit der primitivsten Methode, nämlich der direkten Ablesung der Anfangsneigungen

$$(u_y)_0 = \frac{c}{4}\sqrt{\frac{\bar{u}\cdot x}{\nu}}\,\frac{\bar{u}}{x}, \quad (u_y)_0\Big/\frac{\bar{u}}{x} = \frac{c}{4}\sqrt{Re} \quad . \quad . \quad (205)$$

der einzeln aufgezeichneten $u(y)$-Profile $\mathfrak{P}_1, \mathfrak{P}_2, \ldots, \mathfrak{P}_5$ (deren jedes dadurch gewonnen wurde, daß durch die zugehörigen Meßpunkte eine glatte Kurve gelegt wurde). Das Ergebnis zeigt die Zahlentafel 11, aus der man als arithmetisches Mittel den Wert

$$c = 1{,}314 \quad . \quad . \quad . \quad . \quad . \quad . \quad . \quad . \quad . \quad (206)$$

[16]) Eine entsprechende Überprüfung seiner Meßgenauigkeit ähnlich der früher von uns vorgenommenen (diesmal allerdings an den über der ξ-Achse aufgetragenen Meßpunkten) würde diese Genauigkeit von $\approx 0{,}5$ % für das letzte Profil über $x = 17{,}5$ allerdings nicht bestätigen.

[17]) Die von uns hierbei gewonnenen Zahlentafeln werden — sofern sie hier nicht mitgeteilt sind — auf Wunsch gern zur Verfügung gestellt.

Zahlentafel 11.

Profil	$(u_y)_0$	$(u_y)_0 \Big/ \frac{U}{x}$	$\sqrt{Re}$	$\frac{(u_y)_0}{U/x} : \sqrt{Re}$	c
$\mathfrak{P}_1$	$7{,}70 \cdot 10^3$	107,8	$3{,}294 \cdot 10^2$	0,327	1,308
$\mathfrak{P}_2$	$6{,}06 \cdot 10^3$	140,4	$4{,}266 \cdot 10^2$	0,329	1,316
$\mathfrak{P}_3$	$4{,}31 \cdot 10^3$	199,6	$6{,}033 \cdot 10^2$	0,331	1,324
$\mathfrak{P}_4$	$3{,}47 \cdot 10^3$	241,0	$7{,}389 \cdot 10^2$	0,326	1,304
$\mathfrak{P}_5$	$3{,}04 \cdot 10^3$	281,5	$8{,}532 \cdot 10^2$	0,330	1,320

Mittelwert von c: $c = 1{,}314$.

erhält. Trägt man die dimensionslosen Neigungen $(u_y)_0 \Big/ \frac{\bar{u}}{x}$ in Abhängigkeit von Re auf log-Papier auf, so erhält man die fünf Punkte von Bild 65: Sie ordnen sich gut auf der eingezeichneten Geraden von der Neigung $1 : \frac{1}{2}$ an, welche zu dem Wert

$$\frac{c}{4} = 0{,}329, \quad \text{d. h. } c = 1{,}316 \quad \ldots\ldots \quad (207)$$

führt.

81. An den auf den Parameter ξ umgerechneten u-Profilen haben wir die Neigung auf drei verschiedenen Wegen gewonnen, von denen der erste nur vorbereitender, der letzte nur ergänzender Art war.

1) Indem wir die Meßpunkte als Punkte gleicher Massen auffassen, können wir die Tangente als Schwerachse durch den Anfangspunkt legen, Bild 66. Für jedes Profil hängt diese Schwerachse natürlich davon ab, wie viele Meßpunkte man jeweils berücksichtigt. Führt man die Rechnung für 1, 2, 3, 4, ... Meßpunkte durch, so sieht man, daß von einem bestimmten Punkt an, die Schwerachse sich deutlich nach unten zu neigen beginnt, was bedeutet, daß man weitere Meßpunkte nicht mehr hinzunehmen darf. Die folgende Zahlentafel 12 enthält für jedes Profil die Anzahl der solcher Weise als notwendig erkannten Meßpunkte nebst den Neigungen der dazugehörigen Schwerachsen.

Zahlentafel 12.

Profil	Zahl der Meßpunkte	c
$\mathfrak{P}_1$	3	1,324
$\mathfrak{P}_2$	4	1,302
$\mathfrak{P}_3$	4	1,308
$\mathfrak{P}_4$	3	1,308
$\mathfrak{P}_5$	3	1,292

Zahlentafel 13.

Profil	c
$\mathfrak{P}_1$	1,325
$\mathfrak{P}_2$	1,312
$\mathfrak{P}_3$	1,321
$\mathfrak{P}_4$	1,314
$\mathfrak{P}_5$	1,305

Mittelwert für c:
$c = 1{,}307$ $\qquad$ $c = 1{,}315$.

Sie ergibt als mittlere Neigung

$$c = 1{,}307 \quad \ldots\ldots\ldots \quad (208)$$

Wie schon gesagt, ist diese Art der Bestimmung nur vorbereitender Art und sollte uns nur einen Anhalt geben dafür, wie viele Meßpunkte auch bei den folgenden Methoden zu berücksichtigen sind.

2) Legt man in der Auffassung von 1) durch den Anfangspunkt und die jeweils in Zahlentafel 12 angegebenen Meßpunkte die Achse des kleinsten Trägheitsmomentes (was offenbar auch dem zeichnerischen Gefühl viel mehr entspricht), so ergibt sich Zahlentafel 13, aus der man als Mittelwert

$$c = 1{,}315 \quad \ldots\ldots\ldots \quad (209)$$

folgert[18]).

3) Tragen wir schließlich der Tatsache Rechnung, daß die Meßgenauigkeit gegen die Wand zu ab- bzw. von der Wand weg zunimmt, so dürfen wir in erster Annäherung annehmen, daß dies in linearer Weise geschieht. Dies bedeutet dann, daß wir die Meßpunkte von der Wand weg statt mit gleichen Massen jetzt der Reihe nach mit den Massen 1, 2, 3, ... belegen und wieder wie unter 2) die Tangente als Achse

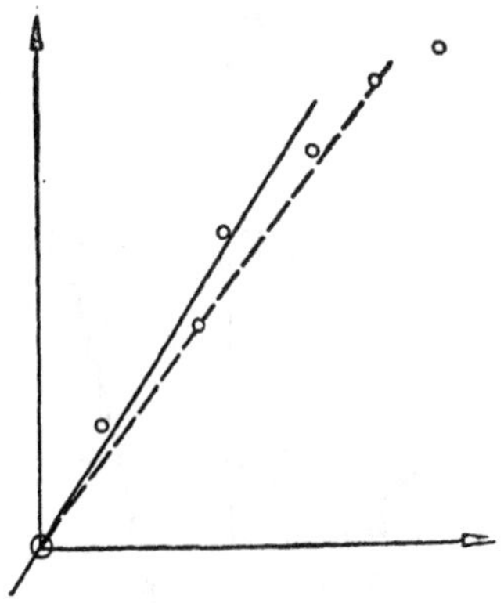

Bild 66. Die Meßpunkte werden als Punkte gleicher Massen aufgefaßt und die Tangente als zugehörige Schwerachse durch den Anfangspunkt 0 gelegt.

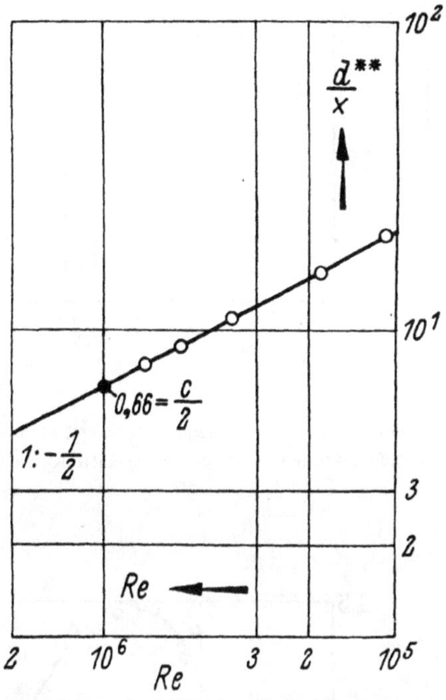

Bild 67. Bestimmung des Widerstandsbeiwertes c aus dem Impulsverlust der einzelnen Profile: Die durch ○ angedeuteten 5 c-Werte ordnen sich gut auf der eingezeichneten Geraden von der Neigung $-\frac{1}{2}$ an, welche auf der Ordinaten $Re = 10^6$ den Abschnitt $\frac{c}{2} = 0{,}66$ hinterläßt und daher den mittleren Wert $c = 1{,}320$ ergibt.

des kleinsten Trägheitsmomentes durch den Ursprung legen. Das Ergebnis zeigt Zahlentafel 14, die zu dem Mittelwert

$$c = 1{,}318 \quad \ldots\ldots\ldots \quad (210)$$

führt.

Zahlentafel 14.

Profil	c
$\mathfrak{P}_1$	1,326
$\mathfrak{P}_2$	1,314
$\mathfrak{P}_3$	1,325
$\mathfrak{P}_4$	1,317
$\mathfrak{P}_5$	1,308

Mittelwert: $c = 1{,}318$.

Halten wir uns hier an das zweite Ergebnis (209), so dürfen wir den mittels der Tangente bestimmten Widerstandsbeiwert c_T als Mittelwert von 1,315 und der beiden schon bestimmten Werte 1,316 bzw. 1,314 zu

$$c_T = 1{,}315 \quad \ldots\ldots\ldots \quad (211)$$

ansetzen. Dieser Wert ist also um 0,013 kleiner als der theoretische Wert 1,328.

[18]) Streng genommen hätte man für jede der folgenden Methoden unter 2) und 3) die Anzahl der hierzu nötigen Meßpunkte ähnlich wie unter 1) bestimmen müssen. Die so gewonnenen Anzahlen dürften sich jedoch nur wenig von den unter 1) gewonnenen unterscheiden.

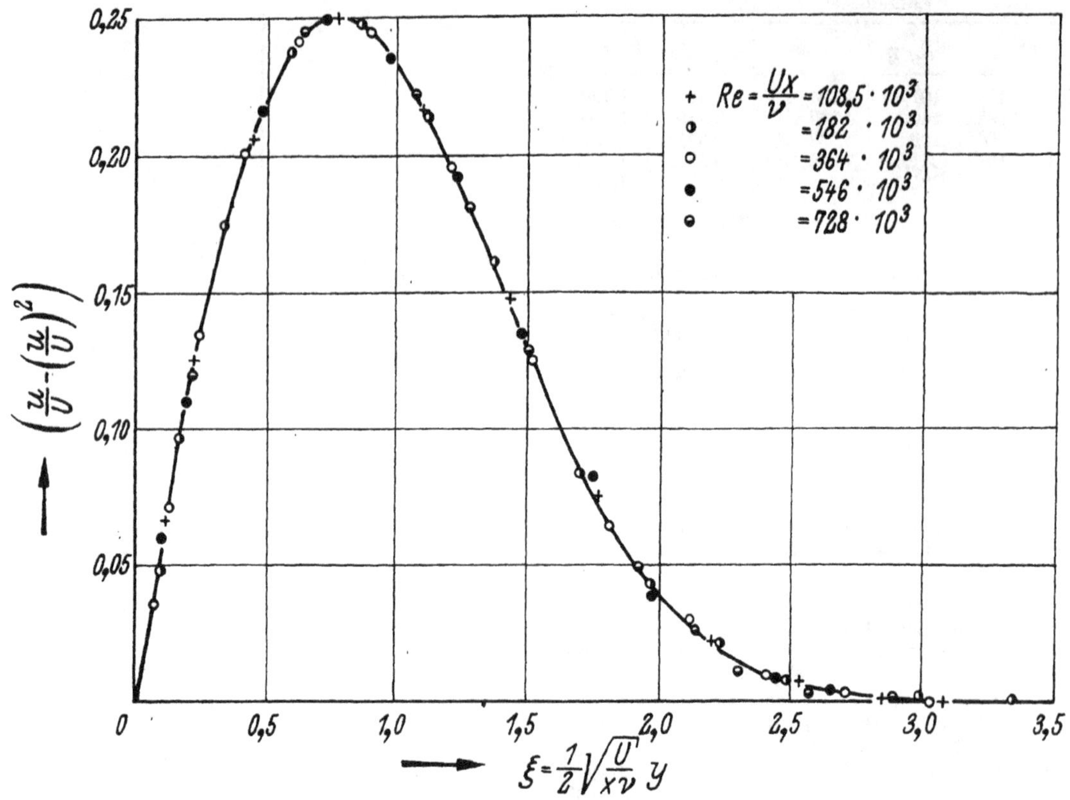

Bild 68. Bestimmung von $\frac{c}{4}$ (c = Widerstandsbeiwert) als dimensionslose Impulsverdrängungsdicke δ^{**}: Dieselbe ist gleich dem Inhalt, den die durch die Meßpunkte gelegte (ausgezogene) glatte Kurve über der ξ-Achse bildet; derselbe beträgt 0,3293, was dem mittleren Wert $c = 1{,}317$ entspricht.

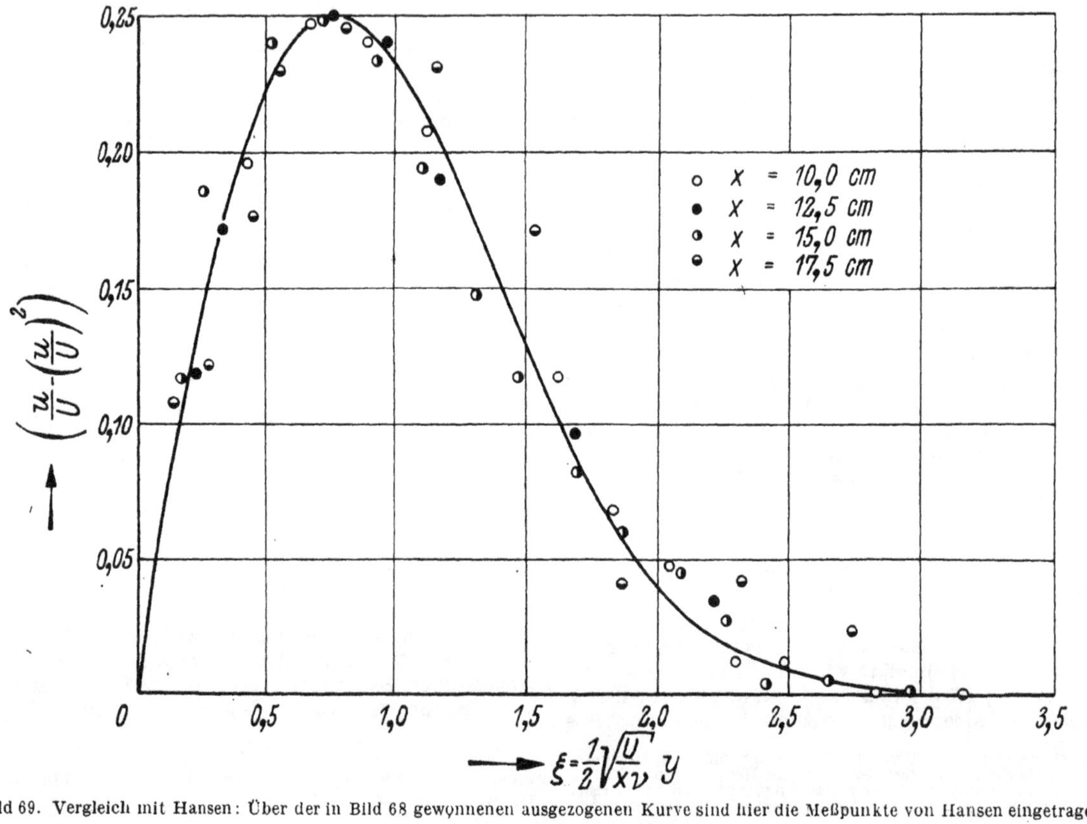

Bild 69. Vergleich mit Hansen: Über der in Bild 68 gewonnenen ausgezogenen Kurve sind hier die Meßpunkte von Hansen eingetragen.

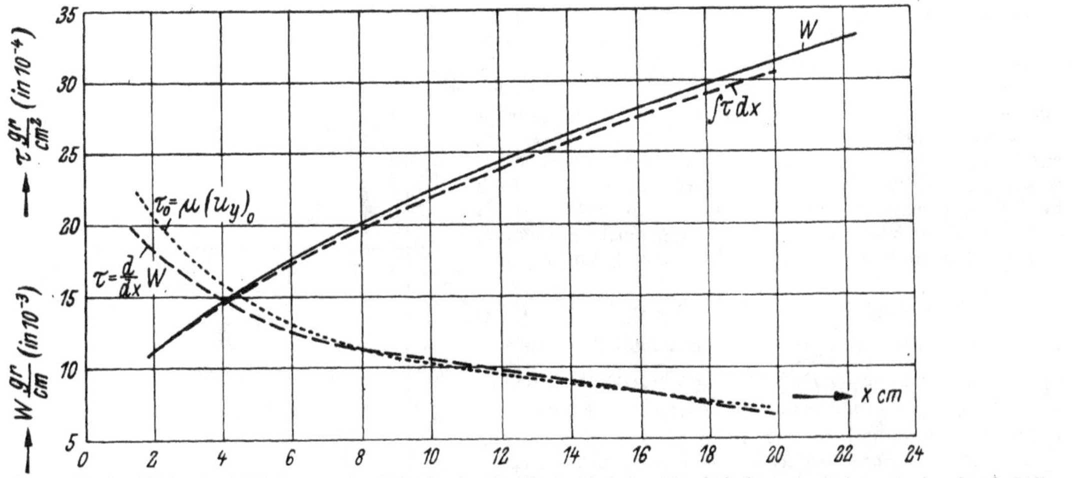

Bild 70. Hansens Kurve für den Widerstand W, den aus der Neigung der Profile bestimmten Wandschub $\tau_0 = \mu\,(u_y)_0$ sowie den durch Differentiation von W sich ergebenden Wert für den Wandschub $\tau = \frac{d}{d\,x} W$. Zur Kontrolle seiner Differentiation ist von uns die aus $\tau = \frac{d}{d\,x} W$ sich rückwärts ergebende Integralkurve $\int \tau\, d\,x$ eingezeichnet.

b) Ermittlung von c mittels des Impulsverlustes (integrale Methode).

82. Die Bestimmung des Impulsverlustes, d. h. des Widerstandes

$$W(x) = \varrho\,\bar{u}^2 \int_0^\infty \frac{u}{\bar{u}}\left(1 - \frac{u}{\bar{u}}\right) dy = \varrho\,\bar{u}^2\, d^{**}(x) \quad . \; . \quad (212)$$

mit

$$d^{**}(x) \quad = \int_0^\infty \frac{u}{\bar{u}}\left(1 - \frac{u}{\bar{u}}\right) dy \quad . \; . \; . \; . \; . \; . \; . \; . \; . \; . \; . \; . \quad (213)$$

bzw.

$$d^{**}(x)/x = \frac{2 \cdot \delta^{**}}{\sqrt{Re}}, \quad \text{wo } \delta^{**} = \int_0^\infty \frac{\zeta'}{2}\left(1 - \frac{\zeta'}{2}\right) d\xi = \frac{c}{4} \quad (213\,\text{a})$$

führt zu der Zahlentafel 15, der man als Mittelwert

$$c = 1{,}320 \quad . \; . \; . \; . \; . \; . \; . \; . \quad (214)$$

entnimmt. Trägt man $\frac{d^{**}(x)}{x}$ über Re in einem log-Diagramm auf, so ergibt sich Bild 67: Die eingezeichneten Punkte ordnen sich gut auf der ausgezogenen Geraden von der Neigung $1 : -\frac{1}{2}$ an, die wieder zu dem Wert

$$c = 1{,}320 \quad . \; . \; . \; . \; . \; . \; . \; . \; . \quad (215)$$

führt.

Zahlentafel 15.

Profil	$d^{**}(x)$	$\frac{d^{**}(x)}{x}$	$\sqrt{Re}$	$\frac{d^{**}(x)}{x} \cdot \sqrt{Re}$	c
$\mathfrak{P}_1$	$3{,}025 \cdot 10^{-2}$	$0{,}2017 \cdot 10^{-2}$	$3{,}294 \cdot 10^2$	0,664	1,328
$\mathfrak{P}_2$	$3{,}860 \cdot 10^{-2}$	$0{,}1544 \cdot 10^{-2}$	$4{,}266 \cdot 10^2$	0,658	1,316
$\mathfrak{P}_3$	$5{,}503 \cdot 10^{-2}$	$0{,}1101 \cdot 10^{-2}$	$6{,}033 \cdot 10^2$	0,6635	1,327
$\mathfrak{P}_4$	$6{,}644 \cdot 10^{-2}$	$0{,}0886 \cdot 10^{-2}$	$7{,}389 \cdot 10^2$	0,665	1,310
$\mathfrak{P}_5$	$7{,}740 \cdot 10^{-2}$	$0{,}0774 \cdot 10^{-2}$	$8{,}532 \cdot 10^2$	0,660	1,320

Mittelwert: $c = 1{,}320$.

Bestimmt man schließlich die $d^{**}(x)$ entsprechende dimensionslose Maßzahl δ^{**} wieder in der Weise, daß man die aus den Messungen gewonnenen Punkte aller 5 Profile über der ξ-Achse aufträgt, durch sie eine glatte Kurve legt, Bild 68, und deren Inhalt bestimmt, so gelangt man zu dem Wert

$$\delta^{**} = \frac{c}{4} = 0{,}3293 \quad . \; . \; . \; . \; . \; . \; . \quad (216)$$

d. h.

$$c = 1{,}317 \quad . \; . \; . \; . \; . \; . \; . \; . \quad (216\,\text{a})$$

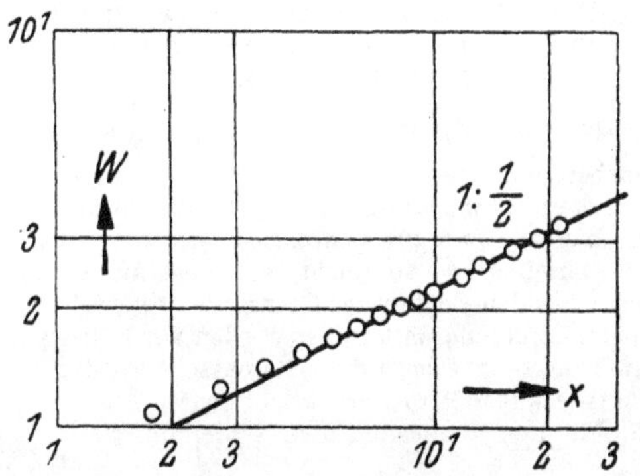

Bild 71. Zur Kontrolle, inwieweit Hansens Kurve für den Widerstand W in Bild 70 parabelförmig ist.

Als Mittelwert für den mittels des Impulsverlustes bestimmten Wertes c_J erhalten wir somit

$$c_J = 1{,}319 \quad . \; . \; . \; . \; . \; . \; . \; . \; . \quad (217)$$

Dieser Wert ist um 0,009 kleiner als der theoretische 1,328[19]).

c) Entsprechende Ergebnisse von Hansen.

83. Für die von uns benutzten Hansenschen Profile existiert, wie Bild 63 zeigt, eine einheitliche Tangente nicht. Ebensowenig läßt sich die von uns zuletzt benutzte Methode zur Bestimmung von c als $4\,\delta^{**}$ im Falle von Hansen heranziehen. Dies zeigt Bild 69, in der zum Vergleich die aus unseren Meßpunkten in Bild 68 gewonnene mittlere Kurve eingetragen ist. Indessen hat Hansen in einem besonderen Bild (bei ihm Bild 10) eine Liniendarstellung für den Widerstand $W(x)$, die Ableitung $\frac{d}{dx} W = \tau(x)$[20]) und den Wandschub $\tau_0(x) = \mu\,(u_y)_0$ (über der x-Achse) gegeben, die wir wieder photographisch vergrößert und auf Millimeterpapier ausgewertet haben. Da diese Kurven von Hansen bereits als glatte Kurven durch die von ihm aus den Messungen gewonnenen Punkte gelegt worden sind, so haben wir aus

[19]) Eine Abschätzung dieser Abweichung und damit eine abermalige Überprüfung der von uns vorausgesetzten Genauigkeit könnte man in der Weise vornehmen, daß man die theoretische $\frac{u}{\bar{u}}$-Verteilung über der ξ-Achse innerhalb der Genauigkeitsschranke von $\approx \frac{1}{2}$ % variiert und die hierzu gehörige maximale Änderung von c bestimmt; dieselbe müßte dann in der Nähe der obigen Abweichung von 0,009 liegen. Ähnliches gilt auch für die anderen Größen bzw. Bestimmungsarten, doch haben wir davon Abstand genommen, die diesbezüglichen Rechnungen durchzuführen.

[20]) Der durch Differentiation des Widerstandes sich ergebende Wandschub wird hier, im Gegensatz zu dem aus der Neigung bestimmten Schub τ_0 stets mit τ bezeichnet.

diesen Liniendarstellungen sich ergebenden Werte für c als die mittleren Hansenschen Werte für diese Zahl anzusehen. Gemessen an den Verhältnissen von Bild 63 und 69 sind diese Werte in der Tat auch als gut anzusprechen, wenn sie auch eine genauere Überprüfung der Prandtlschen Theorie wieder nicht ermöglichen. Leider beschreibt Hansen nicht genau, wie er zu seinen Kurven für $W(x)$ und $\tau_0(x)$ gekommen ist, was angesichts von Bild 63 und 69 erwünscht wäre. Auch hat Hansen seine Ergebnisse nicht, wie es üblich ist, in dimensionsloser Weise dargestellt, so daß eine Bestimmung von c erst nach einer entsprechenden Umrechnung möglich war.

84. Bild 70 zeigt die Hansensche Kurve für $W(x)$, für $\tau_0(x)$, ferner die Kurve $\frac{d}{dx} W = \tau$, und schließlich die von uns zur Kontrolle seiner Differentiation bestimmte Integralkurve $\int \tau \, dx$, die — wie man sieht — mit seiner Ausgangskurve W ziemlich gut übereinstimmt. Würde $W(x)$ streng — wie es die Theorie fordert — die Parabelform besitzen, so müßte übrigens (vgl. (135))

$$W(x) = \tau(x) \cdot 2x \quad \ldots \ldots \ldots \quad (218)$$

sein.

Zur Prüfung, inwieweit W parabelförmig ist, ist in Bild 71 auf log-Papier W über x aufgetragen, wobei jedoch nicht alle von uns benutzten Punkte eingezeichnet werden konnten (was auch für entsprechende spätere Abbildungen gilt): Die ausgezogene Gerade hat die Neigung $1:\frac{1}{2}$ und man sieht, daß insbesondere für die vorderen Punkte mit kleinerem x eine stärkere Abweichung von der Parabelform vorhanden ist, die bis zu $x = 8$ gut sichtbar ist, also fast bis zu jenem Punkte, nämlich $x = 10$ reicht, von dem an wir auch bei Hansen oben den Beginn der Grenzschicht gerechnet haben. In Übereinstimmung mit früher werden wir daher auch hier nur die Punkte innerhalb dieser Grenzschicht, d. h. also nur die Punkte mit $x \geqq 10$ berücksichtigen[21]).

85. Für den dimensionslosen Widerstand

$$W(x) \Big/ \frac{\varrho}{2} \bar{u}^2 x = \frac{c}{\sqrt{Re}} \quad \ldots \ldots \quad (219)$$

ergibt sich dann Zahlentafel 16, der man als Mittelwert

$$c = 1{,}30 \quad \ldots \ldots \ldots \ldots \quad (220)$$

entnimmt. Zu demselben Ergebnis führt das log-Diagramm von Bild 72, in welchem die Gerade die Neigung $1:-\frac{1}{2}$ hat.

Zahlentafel 16.

x in cm	$10^3 \cdot W \frac{\text{gr}}{\text{cm}}$	$10^{-2}\sqrt{Re}$	$\frac{W}{\varrho/2 \cdot U^2 x} \cdot 10^2$	c
10,78	23,08	2,41	0,540	1,300
11,68	24,04	2,51	0,520	1,305
12,58	24,93	2,61	0,500	1,305
13,48	25,82	2,70	0,483	1,305
14,37	26,61	2,79	0,468	1,306
15,27	27,41	2,87	0,453	1,300
16,17	28,11	2,96	0,448	1,330
17,06	28,92	3,04	0,428	1,300
17,95	29,63	3,11	0,417	1,300
18,86	30,34	3,19	0,406	1,295
19,75	31,05	3,26	0,397	1,295
20,64	31,77	3,34	0,388	1,300
21,56	32,39	3,41	0,379	1,290
22,44	33,10	3,48	0,368	1,280

Mittelwert: $c = 1{,}300$.

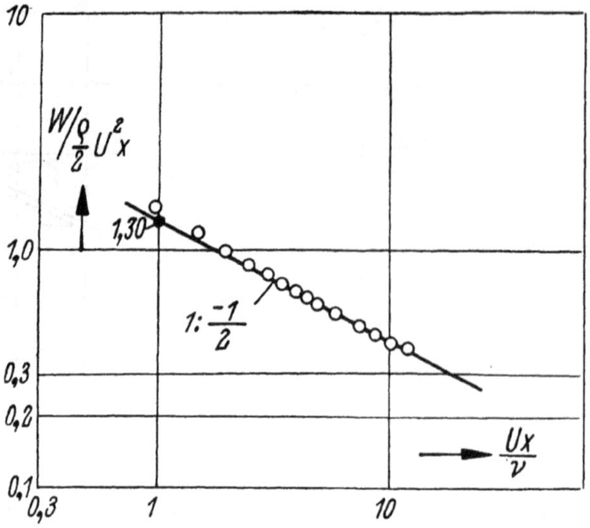

Bild 72. Bestimmung des Widerstandsbeiwertes c aus Hansens Kurve für den Widerstand W in Bild 70: Die Gerade hat die Neigung $-\frac{1}{2}$ und hinterläßt auf der Geraden $Re = \frac{Ux}{\nu} = 1$ den Abschnitt $c = 1{,}30$.

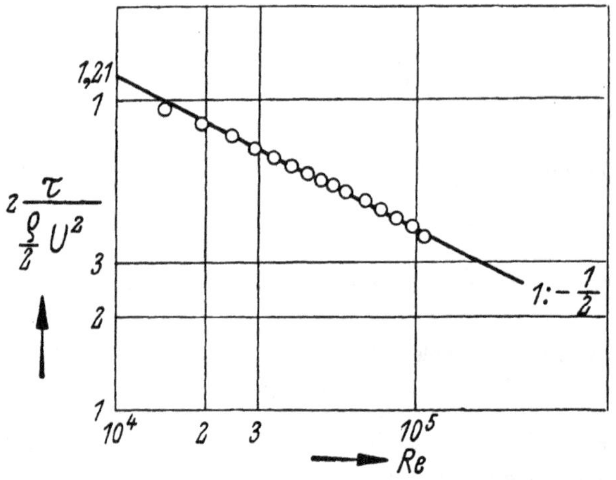

Bild 73. Bestimmung des Widerstandsbeiwertes c aus Hansens Kurve für den aus der Neigung der Profile bestimmten Wandschub $\tau_0 = \mu (u_y)_0$ in Bild 70: Die Gerade hat die Neigung $-\frac{1}{2}$ und schneidet auf der Vertikalen $Re = 10^4$ den Widerstandsbeiwert $c = 1{,}21$ aus.

86. Ähnlich sind wir mit der Hansenschen Kurve für

$$\tau_0(x) \Big/ \frac{\varrho}{2} \bar{u}^2 = \frac{\frac{c}{2}}{\sqrt{Re}} \quad \ldots \ldots \quad (221)$$

Zahlentafel 17.

x in cm	$10^4 \cdot \tau_0 \frac{\text{gr}}{\text{cm}^2}$	$10^{-2}\sqrt{Re}$	$10^2 \cdot \frac{2\tau}{\varrho/2 \cdot U^2}$	c
10,78	10,05	2,41	0,507	1,22
11,68	9,69	2,51	0,489	1,23
12,58	9,33	2,61	0,471	1,23
13,48	9,07	2,70	0,457	1,24
14,37	8,80	2,79	0,445	1,24
15,27	8,44	2,87	0,426	1,22
16,17	8,18	2,96	0,413	1,22
17,06	7,91	3,04	0,399	1,21
17,95	7,64	3,11	0,386	1,20
18,86	7,38	3,19	0,372	1,19
19,75	7,20	3,26	0,363	1,18

Mittelwert für c: $c = 1{,}22$.

[21]) Übrigens bestätigt diese Hansensche Kurve ganz unsere Anschauung von der Absteckung der Grenzschicht gegen die Plattenspitze zu; denn danach muß man bei der angenommenen Genauigkeit von 0,42 % im Falle von Hansen für $x \leqq 10$ eine Abweichung erwarten. Setzen wir im Falle von Hansen die beobachtete Genauigkeit genau zu 0,5 % an, so bekommt der entsprechende Parameter Ξ den Wert 3,05 und die entsprechende Re-Zahl den Wert $2{,}95 \cdot 10^4$ (nach Bild 55 und 56). Dann fällt aber nach der Zahlentafel 10 auch noch das erste über der gestrichelten Linie befindliche Profil für $x = 7{,}5$ in die Grenzschicht; oben hatten wir statt $x = 7{,}5$ die Zahl 8 festgestellt, also nahezu dieselbe Zahl.

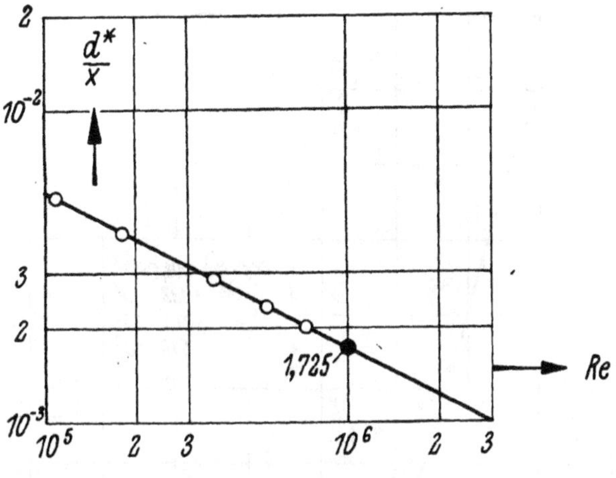

Bild 74. Bestimmung der (dimensionslosen) Verdrängungsdicke $2\,\delta^{**} = b$ (vgl. Beziehung (185)) durch direkte Auswertung der Einzelprofile: Die Gerade hat die Neigung $-\frac{1}{2}$ und hinterläßt auf $Re = 10^6$ einen Abschnitt, der dem Wert $b = 1{,}725$ entspricht.

verfahren. Hier gelangt man zu der Zahlentafel 17 (in welcher die Meßpunkte nur bis $x = 19{,}75$ reichen) und aus der man als Mittelwert

$$c = 1{,}22 \quad \ldots\ldots\ldots \quad (222)$$

gewinnt[22]). Das entsprechende log-Diagramm zeigt Bild 73, wo die Gerade die Neigung $1 : -\frac{1}{2}$ hat; man erhält

$$c = 1{,}21 \quad \ldots\ldots\ldots\ldots \quad (223)$$

40. Die Verdrängungsdicke.

87. Auch diese Größe ist von uns auf mehrere Arten bestimmt worden. Nach Früherem (Gl. (186)) wissen wir, daß nach der Theorie

$$d^*(x)/x = \frac{2\,\delta^*}{\sqrt{Re}} = \frac{b}{\sqrt{Re}} = \frac{1{,}720\,76 \pm 1{,}2 \cdot 10^{-4}}{\sqrt{\frac{\bar{u} \cdot x}{\nu}}} \quad (224)$$

ist.

Die direkte Auswertung an den $u\,(y)$-Profilen (durch Auszählen der Quadrate) ergibt die beiden ersten Spalten der Zahlentafel 18, deren übrige Spalten der Berechnung von b dienen:

Zahlentafel 18.

x in cm	d^* in cm	$10^2 \cdot \frac{d^*}{x}$	$10^{-2}\sqrt{Re}$	$2\,\delta^* = b$
15	0,07847	0,523	3,294	1,724
25	0,10095	0,404	4,266	1,724
50	0,14228	0,285	6,033	1,719
75	0,17472	0,233	7,389	1,722
100	0,20064	0,201	8,532	1,715

Mittelwert für $2\,\delta^* = b$: $2\,\delta^* = b = 1{,}721$.

Man erhält als Mittelwert

$$b = 1{,}721 \quad \ldots\ldots\ldots \quad (225)$$

Daß dieser Wert derart genau herauskommt, muß natürlich als Zufall betrachtet werden. Dem entsprechenden log-Diagramm in Bild 74 entnimmt man mühelos

$$b = 1{,}725 \quad \ldots\ldots\ldots \quad (226)$$

wobei sich die Punkte sehr gut auf der eingezeichneten Geraden von der Neigung $1 : -\frac{1}{2}$ anordnen.

[22]) Im Falle von Hansen auf mehr als zwei Dezimalen zu berechnen, ist nicht möglich, da der Genauigkeit durch die größere Strichstärke, welche alle Hansenschen Linien bei der photographischen Vergrößerung erfahren haben, eine Schranke gesetzt ist und Zahlenangaben bei Hansen fehlen.

Trägt man schließlich für alle 5 Profile $\left(1 - \frac{u}{\bar{u}}\right)$ über der ξ-Achse auf, legt durch die so gewonnenen Punkte eine mittlere glatte Kurve (Bild 75) und ermittelt wiederum durch Auszählen der Quadrate den Inhalt, den diese gegen die ξ-Achse zu abgrenzt

$$\delta^* = \int_0^\infty \left(1 - \frac{u}{\bar{u}}\right) d\xi = \frac{1}{2}\,b \quad \ldots\ldots \quad (227)$$

so erhält man als Mittelwert für alle 5 Profile

$$b = 2 \cdot 0{,}8595 = 1{,}719 \quad \ldots\ldots \quad (228)$$

Als Mittelwert von (226) und (228) ergibt sich der Wert

$$b = 1{,}722 \quad \ldots\ldots\ldots \quad (229)$$

der, wie man sieht, bis auf 1% genau ist.

41. Eine neue Kontrollgröße.

88. d^* bzw. δ^* sind definiert durch die Gl.

$$d^*(x) = \int_0^\infty \left(1 - \frac{u}{\bar{u}}\right) dy \quad \ldots\ldots \quad (230)$$

oder

$$d^*(x)/x = \frac{2 \cdot \delta^*}{\sqrt{Re}}$$

mit

$$\delta^* = \int_0^\infty \left(1 - \frac{u}{\bar{u}}\right) d\xi \quad \ldots\ldots \quad (230\,a)$$

entsprechend d^{**} bzw. δ^{**} durch die Gl.

$$d^{**}(x) = \int_0^\infty \frac{u}{\bar{u}}\left(1 - \frac{u}{\bar{u}}\right) dy \quad \ldots\ldots \quad (231)$$

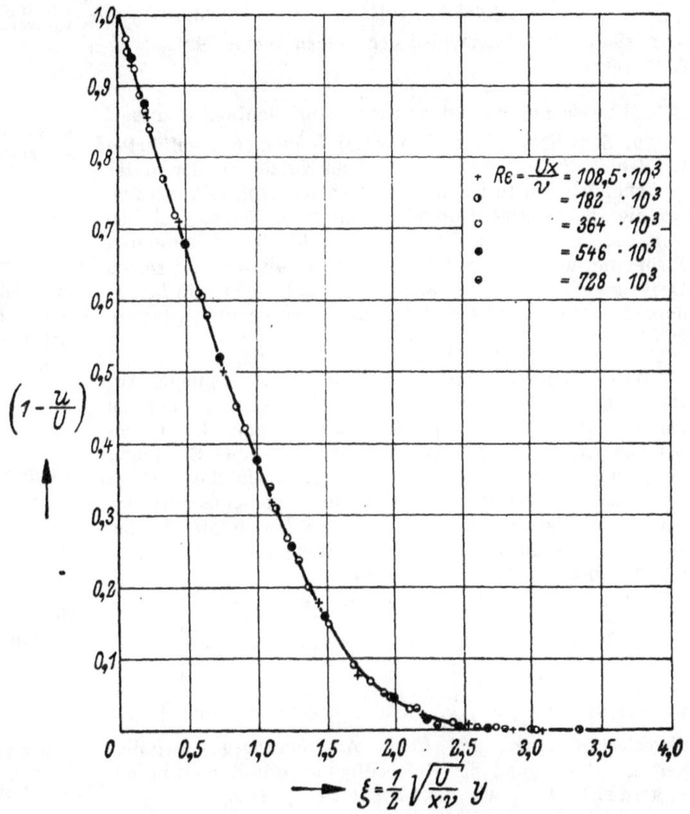

Bild 75. Bestimmung der (dimensionslosen) Verdrängungsdicke $\delta^* = \frac{b}{2}$ an den auf den Parameter ξ umgerechneten Profilen: δ^* ist gleich dem Inhalt der durch die eingetragenen Meßpunkte gelegten glatten Kurve über der ξ-Achse und beträgt 0,8595, was zu $b = 1{,}719$ führt.

oder

$$d^{**}(x)/x = \frac{2\,\delta^{**}}{\sqrt{Re}}$$

mit

$$\delta^{**} = \int_0^\infty \frac{u}{\bar{u}}\left(1 - \frac{u}{\bar{u}}\right) d\xi \quad \ldots \quad (231\,\mathrm{a})$$

Ganz analog führen wir nun noch eine (Kontroll-) Größe d^{***} bzw. δ^{***} durch die Gl. ein

$$d^{***}(x) = \int_0^\infty \left\{1 - \left(\frac{u}{\bar{u}}\right)^2\right\} dy \quad \ldots \quad (232)$$

oder

$$d^{***}(x)/x = \frac{2 \cdot \delta^{***}}{\sqrt{Re}}$$

mit

$$\delta^{***} = \int_0^\infty \left\{1 - \left(\frac{u}{\bar{u}}\right)^2\right\} d\xi \quad \ldots \quad (232\,\mathrm{a})$$

Es gilt dann die Beziehung

$$d^*(x) + d^{**}(x) = d^{***}(x) \quad \ldots \quad (233)$$

welche hier die weitere analoge Beziehung für die zugehörigen dimensionslosen Zahlen

$$\delta^* + \delta^{**} = \delta^{***} \quad \ldots\ldots \quad (233\,\mathrm{a})$$

nach sich zieht. Für δ^* und δ^{**} hatten wir die Zahlenwerte

$$\left.\begin{aligned} \delta^* &= 0{,}8595 \\ \delta^{**} &= 0{,}3293 \end{aligned}\right\} \quad \ldots\ldots \quad (234)$$

aus denen durch Addition sich für δ^{***} der Wert

$$\delta^* + \delta^{**} = \delta^{***} = 1{,}1888 \quad \ldots \quad (235)$$

ergibt; die direkte Bestimmung von δ^{***} — die in derselben Weise wie die für δ^* und δ^{**} geschah (vgl. Bild 76) — ergab

$$\delta^{***} = 1{,}191 \quad \ldots\ldots \quad (236)$$

Man sieht: der Unterschied der beiden Werte für δ^{***} beträgt 0,22%.

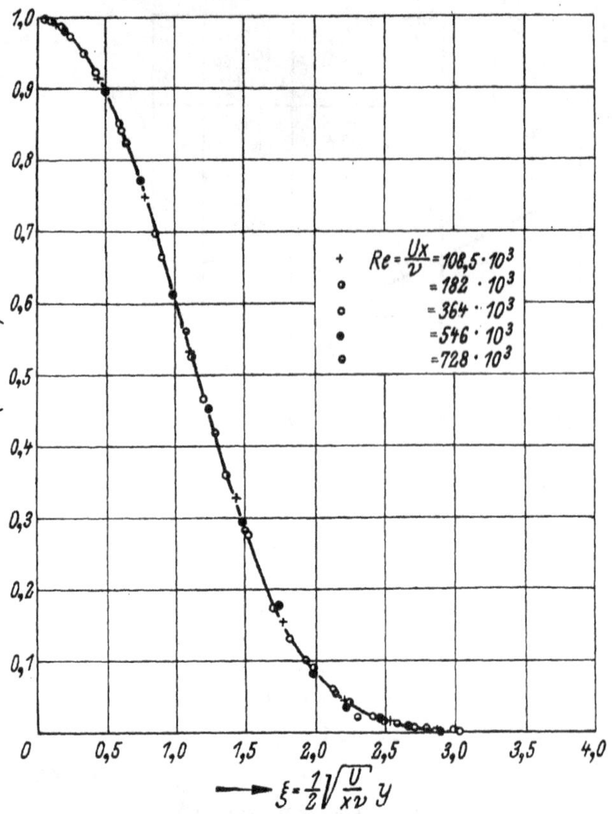

Bild 76. Zur Bestimmung einer weiteren und im Text mit δ^{***} bezeichneten (dimensionslosen) Kontrollgröße (vgl. Beziehung (232)): Dieselbe ist gleich dem Inhalt, den die durch die Meßpunkte gelegte glatte Kurve über der ξ-Achse bildet, welcher $\delta^{***} = 1{,}191$ beträgt. Das Bild ist von ähnlicher Art wie Bild 75 für die (dimensionslose) Verdrängungsdicke δ^* und Bild 68 für die (dimensionslose) Impulsverdrängungsdicke δ^{**}.

42. Hinweis auf die entsprechende turbulente Strömung.

89. Zum Schluß bemerken wir, daß die hier eingeführten Größen d^*, d^{**}, d^{***} uns von großem Nutzen bei der später zu behandelnden turbulenten Plattenströmung sein werden, wo die theoretische Durchdringung noch längst nicht so weit gediehen ist, wie bei der hier behandelten laminaren Strömung, und wo wir daher noch mehr als hier auf solche Größen wie d^*, d^{**}, d^{***} angewiesen sind, sie sich in besonders einfacher Weise aus den Meßprofilen ermitteln lassen.

Zusatz zu **25.** auf Seite 21.

Wir bemerken, daß man auch durch alleinige Anwendung von speziellen affinen Transformationen zu den Gl. (71) auf die folgende Weise gelangen kann, wobei nur vorausgesetzt wird, daß man von einer Strömung längs einer unendlich langen Platte sprechen darf. Diese Voraussetzung gestattet nämlich, die allgemeine evtl. instationäre Plattenströmung auf eine bestimmte zu beziehen. Ist t die Zeit, t' die dimensionslose Zeit, so lauten die diesbezüglichen Gleichungen

$$\left.\begin{aligned} u'_{t'} + u'\,u'_{x'} + v'\,u'_{y'} &= -p'_{x'} + \nu'\left\{u'_{x'x'} + u'_{y'y'}\right\} \\ v'_{t'} + u'\,v'_{x'} + v'\,v'_{y'} &= -p'_{y'} + \nu'\left\{v'_{x'x'} + v_{y'y'}\right\} \\ u'_{x'} + v'_{y'} &= 0 \end{aligned}\right\} \quad (237)$$

wo wie immer $\nu' = \frac{\nu}{U \cdot l}$, l eine passend auf der Platte abgesteckte Länge, und U die Anströmungsgeschwindigkeit ist. Auf Grund der Haftbedingung gilt dann für den Wandschub τ', wie man leicht sieht, streng

$$\tau' = \nu'\,u'_{y'} \quad \ldots\ldots\ldots \quad (238)$$

Führen wir nun die affine Dehnung aus

$$\left.\begin{aligned} x' &= \nu'\,\bar{x} & t' &= \nu'\,\bar{t} & u' &= \bar{u} \\ y' &= \nu'\,\bar{y} & & & v' &= \bar{v} \end{aligned} \quad p' = \bar{p}\right\} \quad \ldots \quad (239)$$

so erhalten wir nach Wegheben von $\frac{1}{\nu'}$, aus den Gl. (237) sofort

$$\left.\begin{aligned} \bar{u}_{\bar{t}} + \bar{u}\,\bar{u}_{\bar{x}} + \bar{v}\,\bar{u}_{\bar{y}} &= -\bar{p}_{\bar{x}} + \left\{\bar{u}_{\bar{x}\bar{x}} + \bar{u}_{\bar{y}\bar{y}}\right\} \\ \bar{v}_{\bar{t}} + \bar{u}\,\bar{v}_{\bar{x}} + \bar{v}\,\bar{v}_{\bar{y}} &= -\bar{p}_{\bar{y}} + \left\{\bar{v}_{\bar{x}\bar{x}} + \bar{v}_{\bar{y}\bar{y}}\right\} \\ \bar{u}_{\bar{x}} + \bar{v}_{\bar{y}} &= 0 \end{aligned}\right\} \quad \ldots \quad (240)$$

mit denselben Randbedingungen wie früher, und auch demselben Rand wie früher, da ja durch (239) die Platte offensichtlich in sich übergeht (eben wegen ihrer unendlichen Länge). Mit $\bar{\tau} = \tau'$ wird dann der Wandschub (238)

$$\bar{\tau} = \bar{u}_{\bar{y}} = \frac{\partial \bar{u}}{\partial \bar{y}} \quad \ldots\ldots\ldots \quad (241)$$

Da durch diese Transformation ν' verschwunden ist, so ist die gewünschte Zurückführung auf eine Strömung geleistet.

Im Falle der von Prandtl vorgenommenen Vereinfachungen bleibt von (240) nur übrig

$$\left.\begin{aligned} \bar{u}\,\bar{u}_{\bar{x}} + \bar{v}\,\bar{u}_{\bar{y}} &= \bar{u}_{\bar{y}\bar{y}} \\ \bar{u}_{\bar{x}} + \bar{v}_{\bar{y}} &= 0 \end{aligned}\right\} \quad \ldots\ldots\ldots \quad (242)$$

was bis auf die Bezeichnungen das frühere Gleichungssystem in (71) ist. Nach Früherem ergibt sich danach z. B. für den Wandschub

$$\frac{\partial \bar{u}}{\partial \bar{y}} = \frac{1}{4\sqrt{\bar{x}}}\,\zeta_0'' = \frac{c}{4}\,\frac{1}{\sqrt{\bar{x}}}$$

und damit wegen

$$\bar{x} = \frac{x'}{\nu'} = \frac{x/l}{\nu/U \cdot l} = \frac{U\,x}{\nu}$$

die Beziehung

$$\bar{\tau} = \tau' = \frac{\tau}{\varrho\,U^2} = \frac{c}{4}\,\frac{1}{\sqrt{\frac{U\,x}{\nu}}}$$

oder

$$\tau = \frac{\frac{c}{2}}{\sqrt{U x/\nu}} \frac{\varrho}{2} U^2 \quad \ldots\ldots\ldots (243)$$

in Übereinstimmung mit (133).

Zusammenfassung.

Ziel dieser Arbeit war, am Beispiel der laminaren Plattenströmung die Prandtlsche Grenzschichttheorie genauer zu begründen und experimentell zu überprüfen. Da man wohl sagen darf, daß sich eine gedankliche Durchdringung am besten dadurch bewährt, daß es uns gelingt, dieselbe in einfachen Worten und unmißverständlich auszusprechen, so haben wir keine Mühe gescheut, an allen Stellen, wo auch nur der Anschein eines vielleicht nicht genügend festen Untergrundes bestehen könnte, sozusagen von uns selbst Rechenschaft darüber zu fordern, ob dem nun wirklich so sei oder nicht. Einmal auf diesen Weg gesetzt, gab es keine andere Wahl mehr für uns, als dem so bestimmten Wachstum der Arbeit willig zu folgen, und so lange zu warten, bis sie ausgereift war; höchstens, daß es galt, einige Überwucherungen nachträglich auszumerzen oder an dieser oder jener Stelle neu heraustretende Schößlinge abzuschneiden. So entstand eine in sich abgeschlossene Arbeit, in welcher die Prandtlsche Idee an der einfachsten Grenzschicht abgehandelt wird, nämlich jener, welche sich an einer in eine Parallelströmung längs eingetauchten Platte einstellt, und in der wir sozusagen das Urbild jeder Grenzschichtströmung zu erblicken haben. Mit diesem Urbild müssen wir uns vermählen, in der Hoffnung, so in uns den nötigen Spürsinn zu erzeugen, um eine ähnliche Behandlung und auch Beherrschung allgemeinerer Grenzschichten, wie sich an gekrümmten Wänden und unter dem Einfluß eines Druckgefälles oder Druckanstieges ausbilden, wie z. B. an einem Tragflügel, einmal leisten zu können.

Indem wir uns so bemühten, gesellte sich aber zu unseren bisherigen Wünschen noch ein neuer, der uns fortab nicht mehr verließ: nämlich die Prandtlsche Grenzschichttheorie in einer Form darzustellen, die der nach Einfachheit und Klarheit strebenden Denkweise des Ingenieurs entspricht, und damit einer Anregung zu folgen, die schon vor längerer Zeit in freundlicher und ermunternder Weise von Herrn Prof. Dr. Seewald an uns ergangen ist. Diese Denkweise verlangt mit Recht, daß überall klar ersichtlich ist, was physikalisch gesichert, was Hypothese, und schließlich was reine mathematische Folgerung ist; was insbesondere den letzten Punkt anbetrifft, so glauben wir, an keiner Stelle früher von der Mathematik Gebrauch gemacht zu haben, als dies unbedingt nötig war, und auch dann nur in solcher Weise, daß der zugehörige mathematische Apparat an Hand des betreffenden konkreten Problems genau so weit erarbeitet wurde, als es dieses Problem zu seiner mathematischen Beschreibung erforderte, entsprechend dem Grundsatz »das Mathematische versteht sich von selbst«.

Was nun den Inhalt im Einzelnen anbetrifft, so mag es genügen, wenn wir aus der umfangreichen Gliederung die Hauptüberschriften nochmals hierhersetzen, und anschließend aus den einzelnen Kapiteln ein paar Stichproben geben.

1. Kapitel. Theoretische Grundlagen.

1. Abschnitt: Vorbereitungen.

A. Die Bestimmungsgleichungen für die Flüssigkeitsbewegung nach Navier-Stokes.
B. Dimensionslose Veränderliche und mechanische Ähnlichkeit.

2. Abschnitt: Die laminare Strömung längs der Platte.

A. Freie, halbfreie und gebundene Strömungen.
B. Die Vereinfachung der Navier-Stokesschen Gleichungen durch Prandtl.
C. Anwendung der Prandtlschen Gleichungen auf die längs angeströmte Platte.

2. Kapitel. Experimentelle Grundlagen.

3. Kapitel. Auswertung der Versuche und Vergleich mit der Theorie.

Aus dem ersten Kapitel seien die Punkte hervorgehoben:

1. Versuch, die Prandtlsche Grenzschichttheorie genauer zu begründen.
2. Fortsetzung eines Geschwindigkeitsprofiles.
3. Bestimmung von Näherungslösungen und -werten, so z. B. für den wichtigen Widerstandsbeiwert c der Wert $1{,}32824 \pm 2 \cdot 10^{-5}$.
4. Absteckung der Grenzschicht nach außen und gegen die Plattenspitze zu.
5. Das Stromlinienbild.

Aus dem zweiten Kapitel:

1. Meßgenauigkeit und Grenzschichtdicke.
2. Die gemessenen Profile dürfen zum Vergleich mit und zur Überprüfung von Prandtls Theorie herangezogen werden.

Aus dem dritten Kapitel:

1. Die Geschwindigkeitsverteilung.
2. Der Widerstandsbeiwert c: Für diesen ergeben sich aus dem Experiment mittels der Tangenten- bzw. Inhaltsmethode bzw. die Werte

$$c_T = 1{,}315$$
$$c_J = 1{,}319$$

an Stelle des theoretischen Wertes (bis auf drei Dezimalen genau)

$$c = 1{,}328$$

wogegen aus den Diagrammen von Hansen günstigenfalls auf die entsprechenden Werte

$$c_T = 1{,}22$$
$$c_J = 1{,}30$$

geschlossen werden kann.

Am Schluß der Arbeit werden noch gewisse Kontrollgrößen herangezogen, welche als Führer für die Behandlung der entsprechenden turbulenten Plattenströmung dienen können.

Schrifttum.

In bezug auf den Stand der Theorie bis zum Jahre 1931 sei allgemein auf den bekannten Handbuchartikel von W. Tollmien verwiesen, in welchem sich auch reiche Literaturangaben finden:

W. Tollmien, Grenzschichttheorie, Handbuch der Experimentalphysik, Bd. 4, 1. Teil, Seite 241—287, 1931 Akad. Verlagsges. Leipzig.

Von später erschienenen Arbeiten, welche mit unserem Gegenstand zusammenhängen, nennen wir:

E. Mohr, Die laminare Strömung längs der Platte und damit verwandte Flüssigkeitsbewegungen. Hab.-Schrift T. H. Breslau, eingereicht 22. 12. 1937, vervielfältigt bei A. Betensted, Breslau 1938, wieder abgedruckt in der Deutschen Mathematik, Bd. 4 (1939), Heft 4, S. 477 — 513.

L. Prandtl, Zur Berechnung der Grenzschichten. Z. angew. Math. Mech. Bd. 18 (1938), S. 77—82.

H. Görtler, Weiterentwicklung eines Grenzschichtprofiles bei gegebenem Druckverlauf. Z. angew. Math. Mech. Bd. 19 (1939), S. 129—140.

I. Nikuradse, Turbulente Reibungsschichten an der Platte. Herausgegeben von der Zentrale für wissenschaftliches Berichtswesen der Luftfahrtforschung des Generalluftzeugmeisters (ZWB), Berlin-Adlershof, Verlag Oldenbourg, München und Berlin 1942.

Druck von R. Oldenbourg, München.

www.ingramcontent.com/pod-product-compliance
Lightning Source LLC
Chambersburg PA
CBHW081427190326
41458CB00020B/6124